高等职业教育新形态系列教材

机械图样识读与绘制习题集

主　编　亓秀玲
副主编　张翠芝　张爱迎　孙　莉
参　编　李传红　魏　燕　刘心孔

机 械 工 业 出 版 社

本书与亓秀玲主编的《机械图样识读与绘制》教材配套使用。本书内容的编排顺序与配套教材一致，对传统机械制图课程内容进行了重新整合，以具体工作任务为载体引出理论知识，主要内容有认识零件图和装配图，识读和绘制图样的基本知识和技能，识读和绘制零件三视图，识读和绘制机件表达方案图，识读和绘制零件图，识读和绘制标准件及常用件图，识读和绘制装配图。习题的类型有抄图、改错、补图、补线、填空、选择、作图、手工剪图拼图等。

本书适用于职业院校机械类和近机械类专业的教学，也适用于其他相关专业教学及机械工人岗位培训。

图书在版编目（CIP）数据

机械图样识读与绘制习题集/亓秀玲主编. —北京：机械工业出版社，2022.1（2024.8 重印）

高等职业教育新形态系列教材

ISBN 978-7-111-69132-7

Ⅰ.①机… Ⅱ.①亓… Ⅲ.①机械图-识别-高等职业教育-习题集②机械制图-高等职业教育-习题集 Ⅳ.①TH126-44

中国版本图书馆 CIP 数据核字（2021）第 186607 号

机械工业出版社（北京市百万庄大街 22 号 邮政编码 100037）

策划编辑：王英杰 责任编辑：王英杰 安桂芳

责任校对：李 婷 封面设计：张 静

责任印制：常天培

北京中科印刷有限公司印刷

2024 年 8 月第 1 版第 2 次印刷

260mm×184mm · 8 印张 · 98 千字

标准书号：ISBN 978-7-111-69132-7

定价：26.00 元

电话服务	网络服务
客服电话：010-88361066	机 工 官 网：www.cmpbook.com
010-88379833	机 工 官 博：weibo.com/cmp1952
010-68326294	金 书 网：www.golden-book.com
封底无防伪标均为盗版	机工教育服务网：www.cmpedu.com

前　　言

本书与亓秀玲主编的《机械图样识读与绘制》教材配套使用，内容与教材紧密结合。本书根据高职教育的要求，并结合高职学生的实际状况和特点编写，降低了理论难度，强化了应用性和实用性的技能训练，注重对学生读图、绘图能力的培养。题目设计由浅入深，难易适中。

本书有独立的参考答案，为教师辅导和学生练习提供了方便；书中涉及的图例，全部按照现行国家标准绘制。

本书由亓秀玲任主编，由张翠芝、张爱迎、孙莉任副主编，参加编写的还有李传红、魏燕、刘心孔。全书由亓秀玲统稿。

本书在编写的过程中参考了一些国内出版的同类图书，在此特向有关作者表示感谢。限于编者的水平，书中难免有缺点和疏漏，敬请广大读者批评指正。

编　者

目 录

项目一　认识零件图和装配图

1-1　识读千斤顶上螺旋杆的零件图，并完成填空

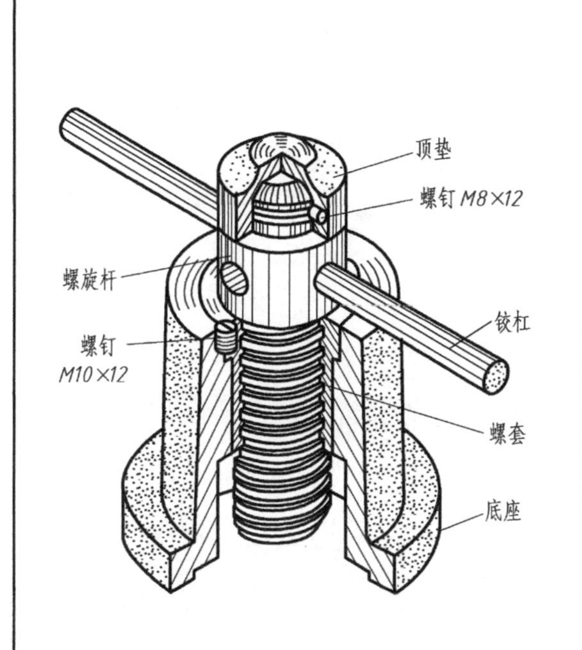

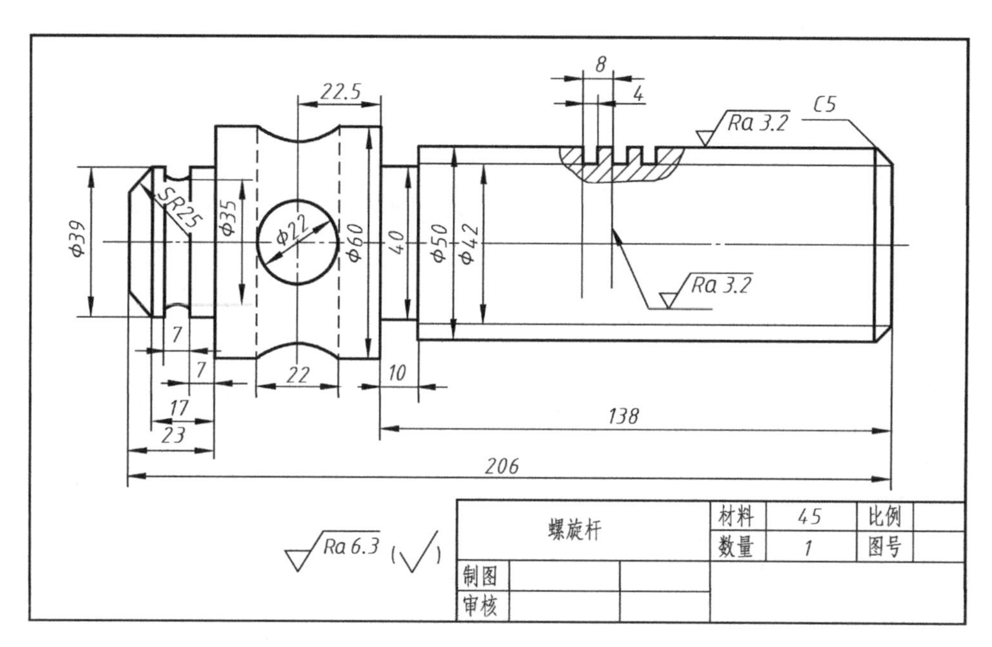

1. 螺旋杆零件图的四个内容分别是______________________。

2. 螺旋杆零件材料是_________。

3. 螺旋杆零件上铰杠孔的直径是_________，确定铰杠孔位置的尺寸是_________。

4. 螺旋杆零件上螺纹部分的长度是_________，螺纹的牙型是_________，螺纹的大径、小径分别是_________，螺纹相邻两牙之间的距离是_________。

5. 螺旋杆零件总长是_________。

1-2 识读千斤顶装配图，并完成填空

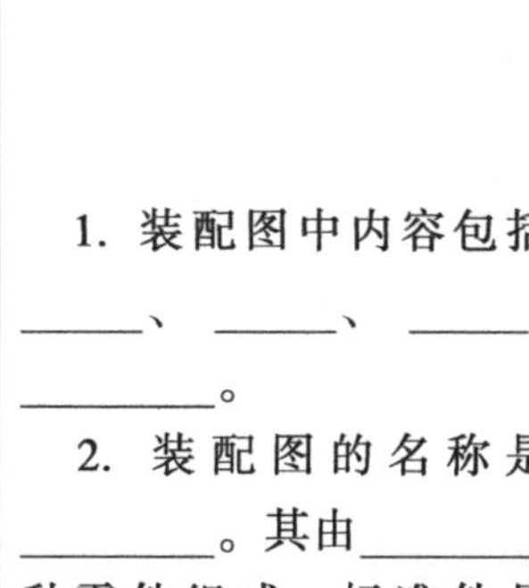

1. 装配图中内容包括______、______、______、________。

2. 装配图的名称是________。其由________种零件组成，标准件是________________。

3. 5 号件铰杠的作用是____________________。

4. 千斤顶顶起范围是____________________。

5. 说明千斤顶的拆装顺序。

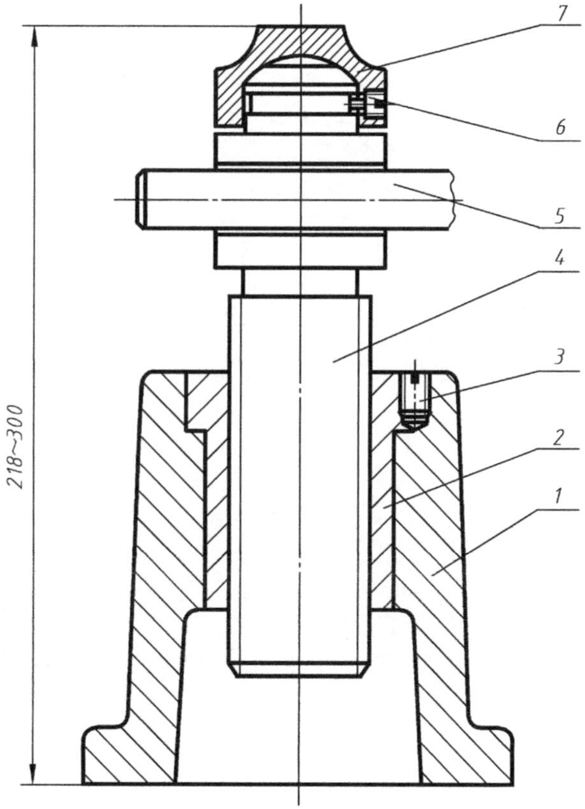

218~300

序号	名称	数量	材料	备注
7	顶垫	1	35	
6	螺钉 M8×12	1		GB/T 75—2018
5	铰杠	1	Q235A	
4	螺旋杆	1	45	
3	螺钉 M10×12	1		GB/T 73—2013
2	螺套	1	ZCuAl10Fe3	
1	底座	1	HT200	

千斤顶	共 张	第 张	比例	
	数量		图号	
制图				
审核				

项目二　识读和绘制图样的基本知识和技能

2-1　图线、比例、尺寸注法练习

1. 参照下面图形，按 1：2 的比例画出图形并标注尺寸。

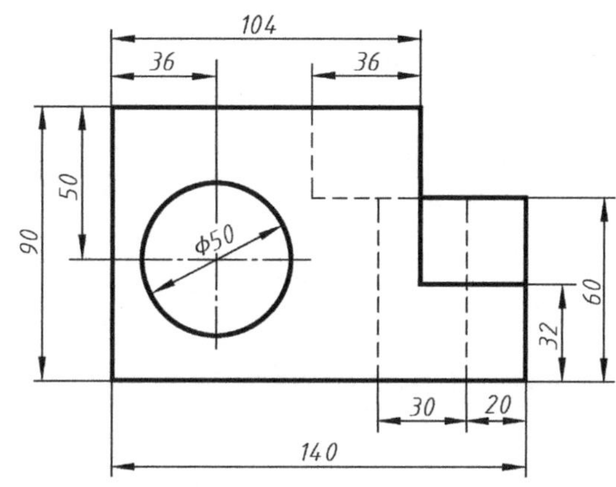

2. 找出左图中尺寸标注的错误，在右图中正确标出。

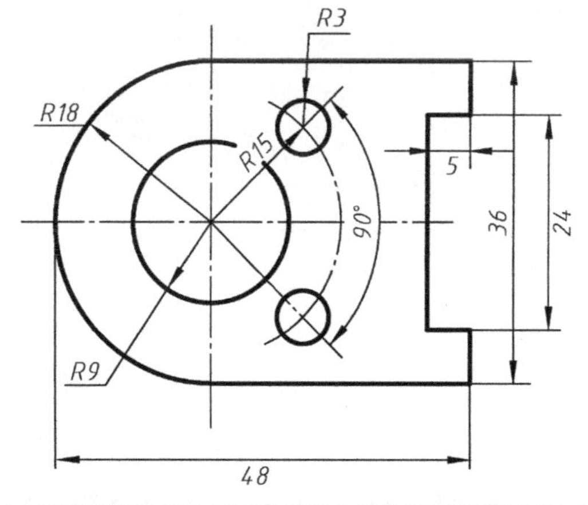

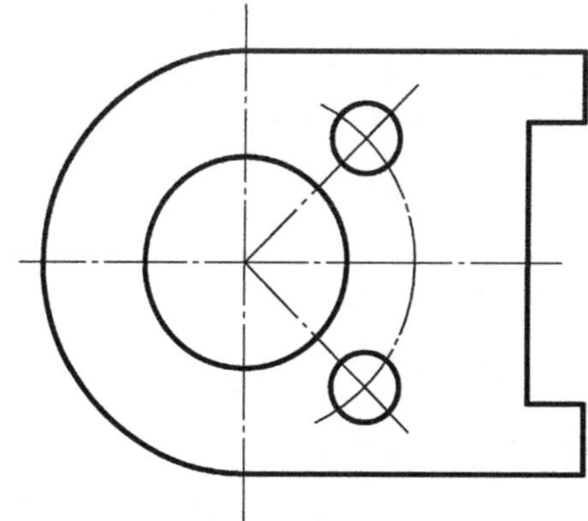

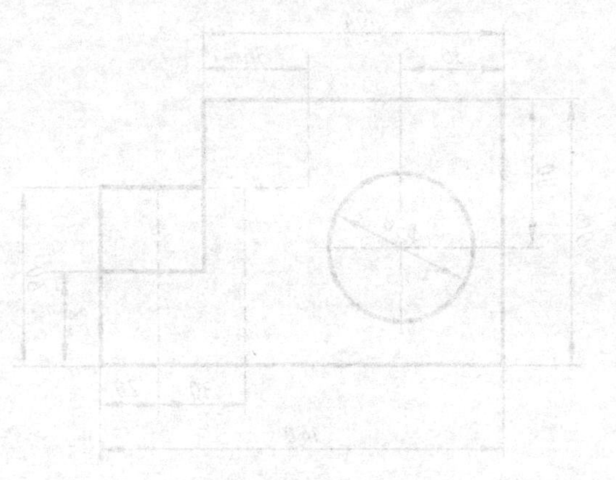

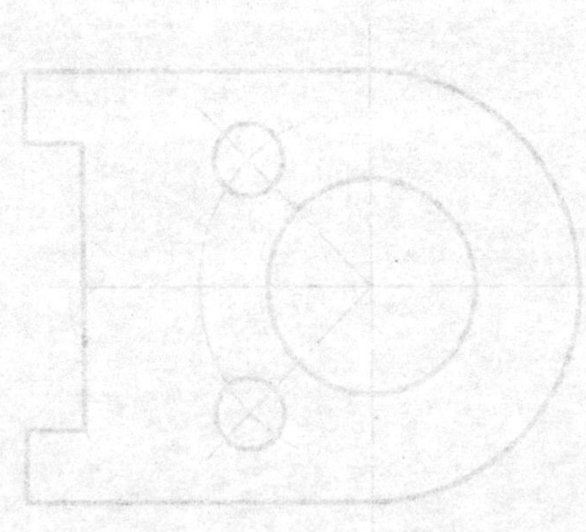

2-2 几何作图

1. 按 1∶5 的比例在空白处画出斜度图形，并标注尺寸。

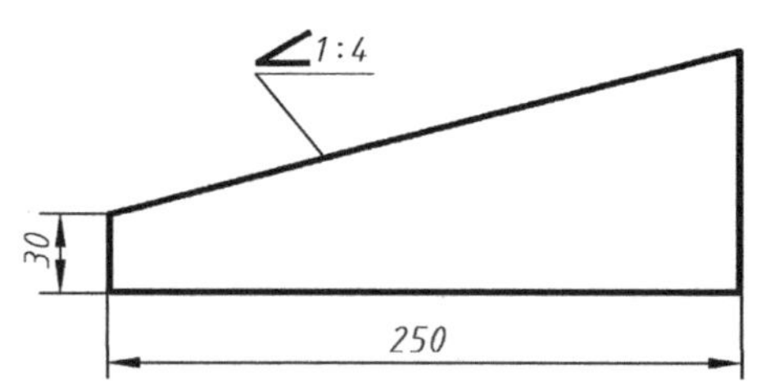

2. 按 1∶1 的比例在空白处画出锥度图形，并标注尺寸。

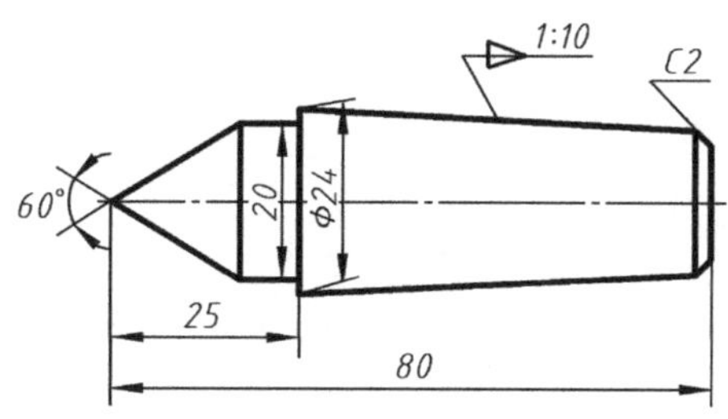

3. 已知正六边形和正五边形的外接圆，它们的底边都是水平线，绘制正六边形和正五边形。

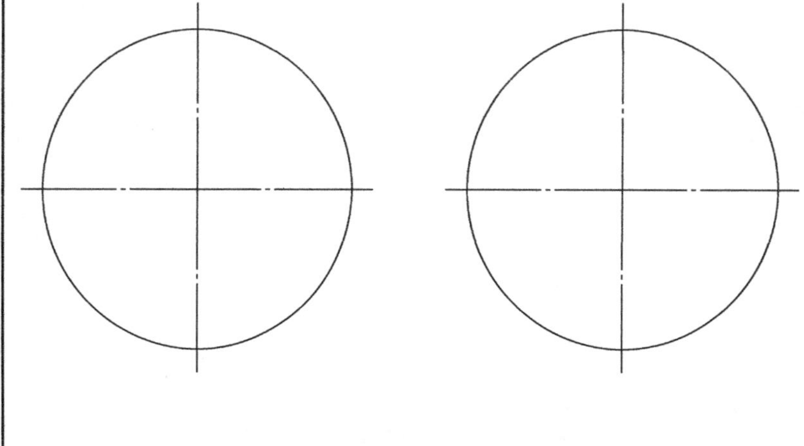

4. 参照左下方所示图形的尺寸，按 1∶1 的比例在指定位置补全图形。

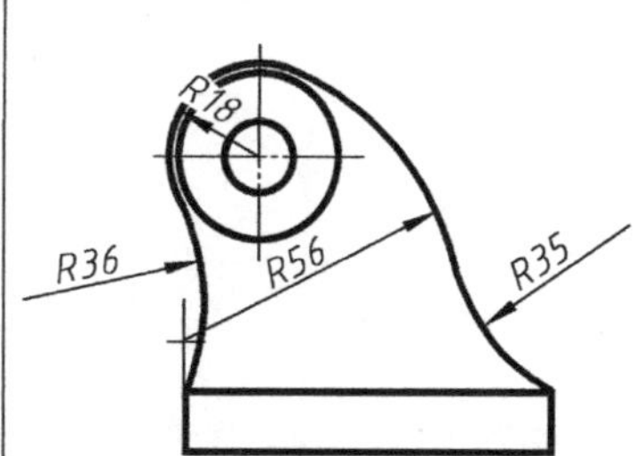

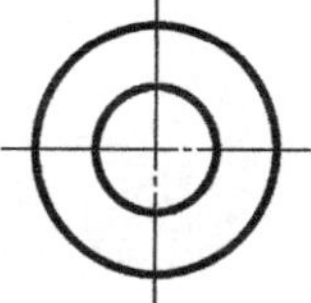

1. 按1:5的比例在空白处画出楔块图形，并标注尺寸。

2. 按1:1的比例在空白处画出锥度图形，并标注尺寸。

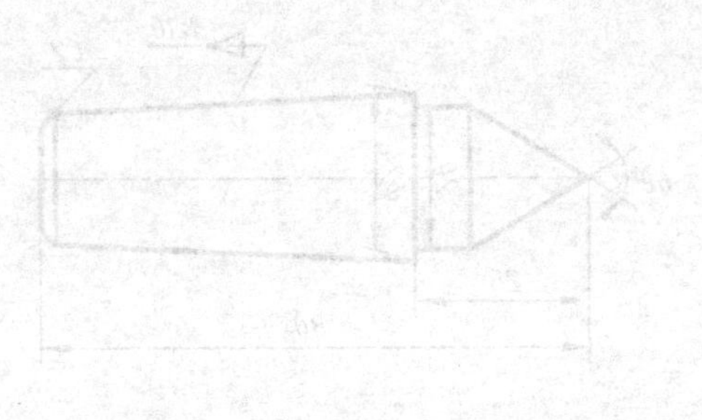

3. 已知正六边形和正五边形的外接圆，它们的底边都是水平线，绘制正六边形和正五边形。

4. 参照左下方所示图形的尺寸，按1:1的比例在指定位置补全图形。

2-3 选择图纸，按 1：1 的比例抄画下面的平面图形，并标注尺寸

1.

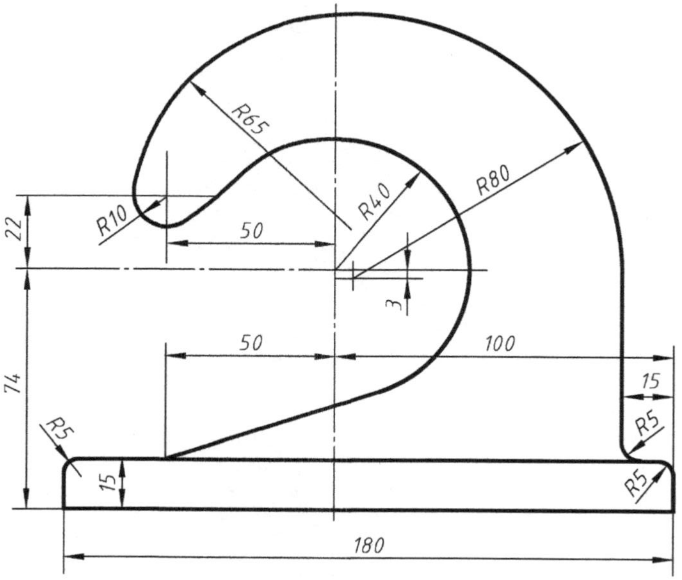

R65
R80
R40
R10
22
50
3
50
100
74
15
R5
R5
R5
15
180

2.

43
52
R13
Φ20
75°
R16
4×Φ16
15°
R8
45°
27
30°
R56
16
30°
R6
R12
R13
R72

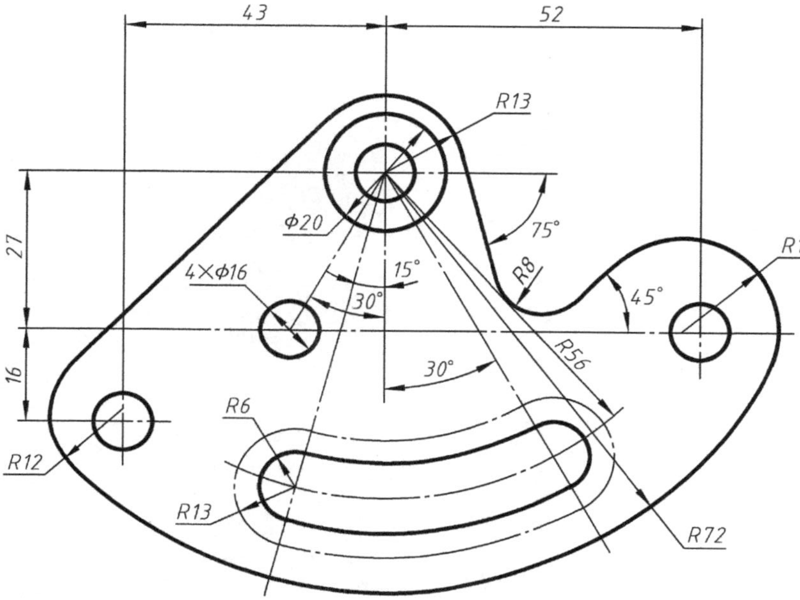

2-3 选择图纸，按 1:1 的比例抄画下面的平面图形，并标注尺寸

项目三　识读和绘制零件三视图

3-1　三视图练习

1. 选择与主、俯两视图对应的轴测图，将其编号填入括号内。

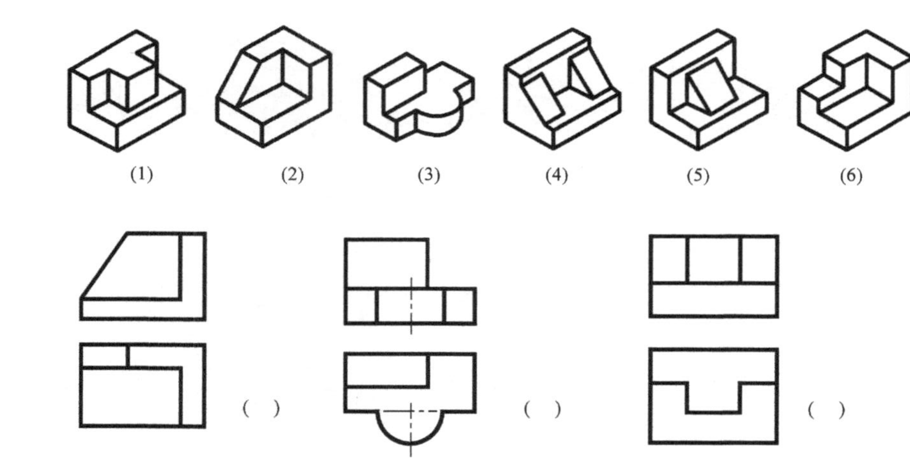

2. 选择与三视图对应的轴测图，将其编号填入括号内。

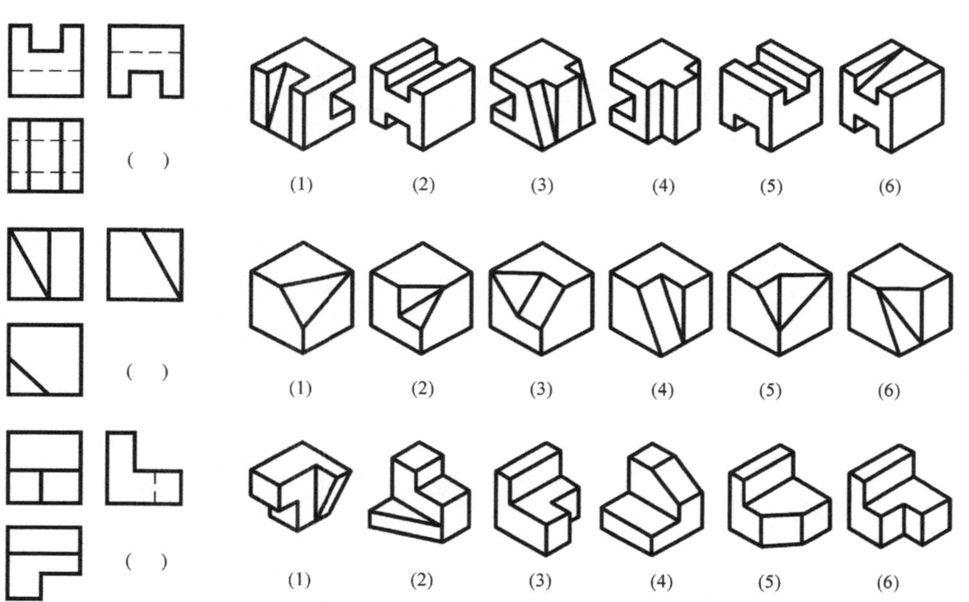

3-1 三视图练习（续）

3. 参照轴测图，补画三视图中所缺图线。

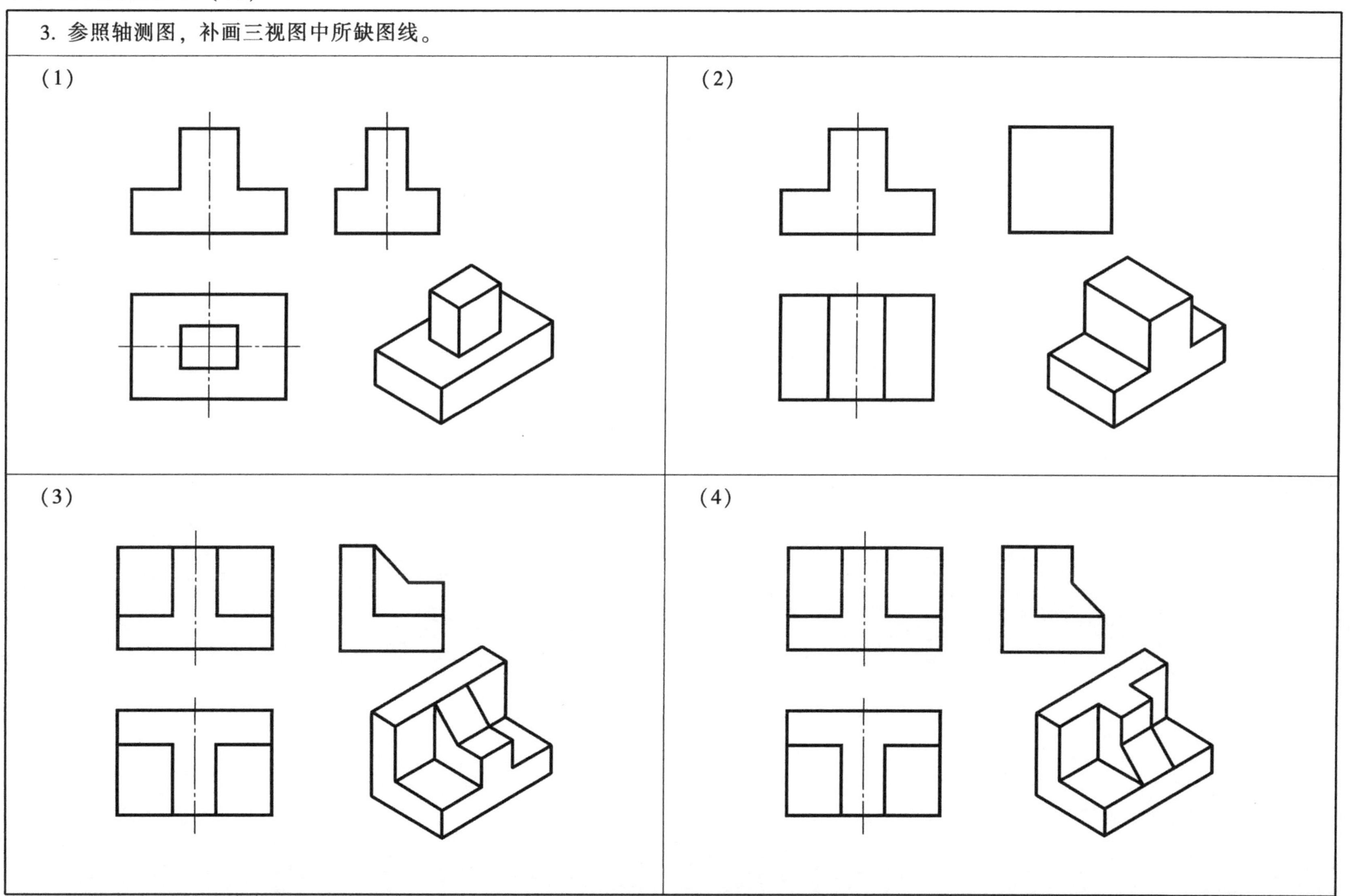

3-1　三视图练习（续）

4. 根据轴测图及其两视图，补画第三视图。

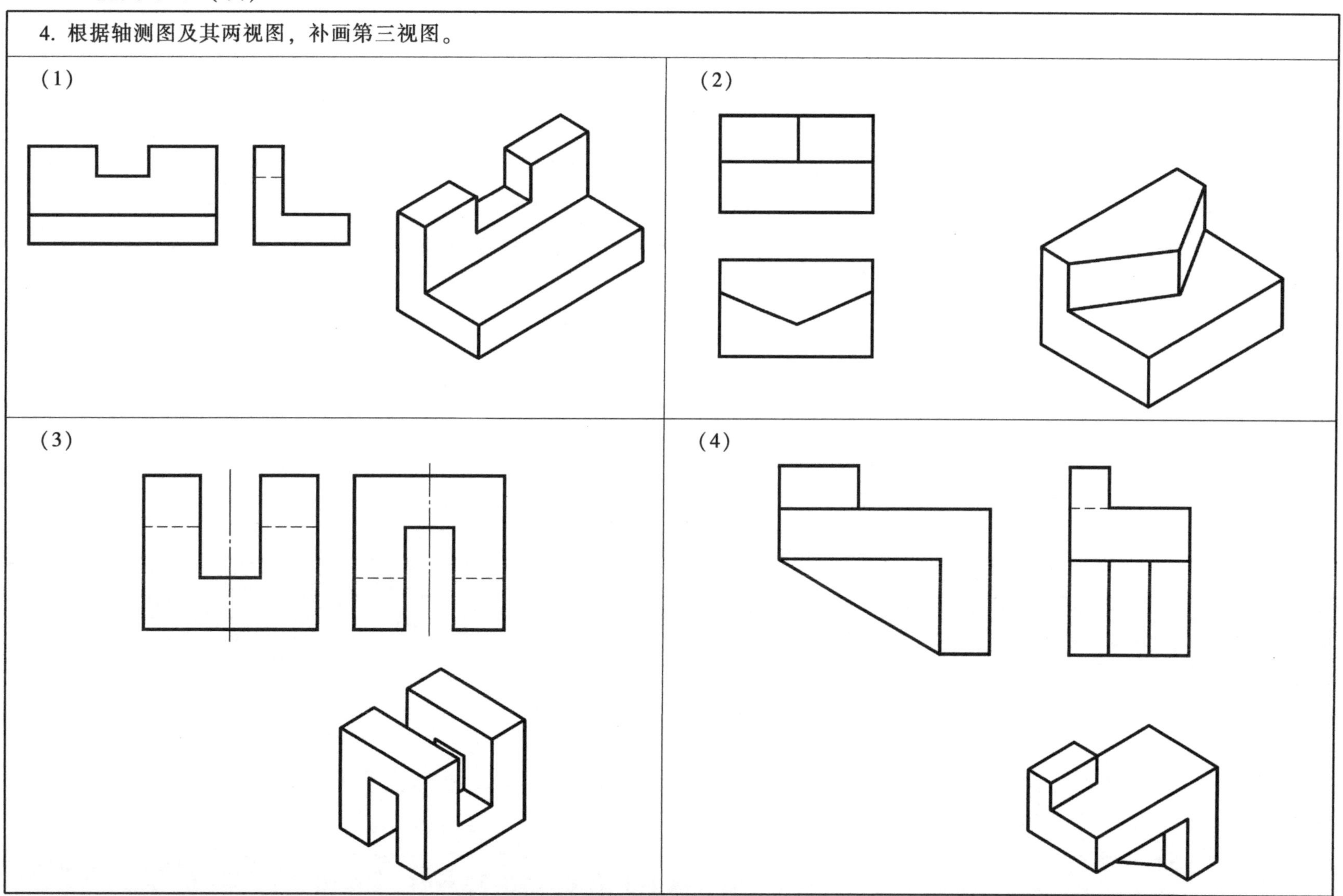

4. 根据轴测图及其两视图，补画第三视图。

3-2 点、线、面的投影

1. 已知点的两面投影，求第三面投影并完成填空（在哪个坐标轴上、在哪个面上、一般点）。

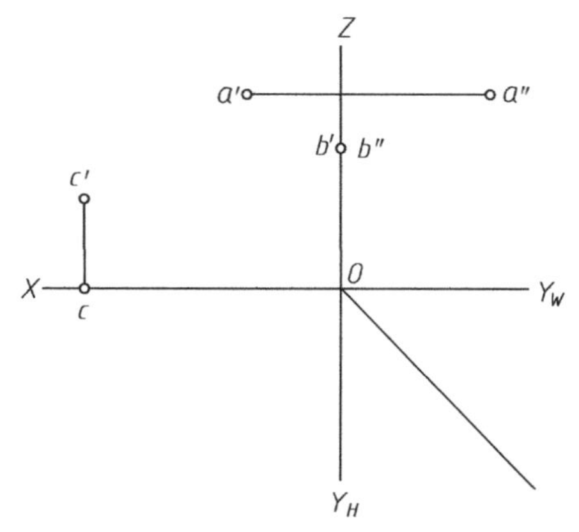

点 *A* ________，点 *B* ________，点 *C* ________。

2. 已知点 *A* 在 *V* 面之前 36mm，点 *B* 在 *H* 面之上 10mm，点 *C* 在 *V* 面上，点 *D* 在 *H* 面上，点 *E* 在投影轴上，补全各点的两面投影。

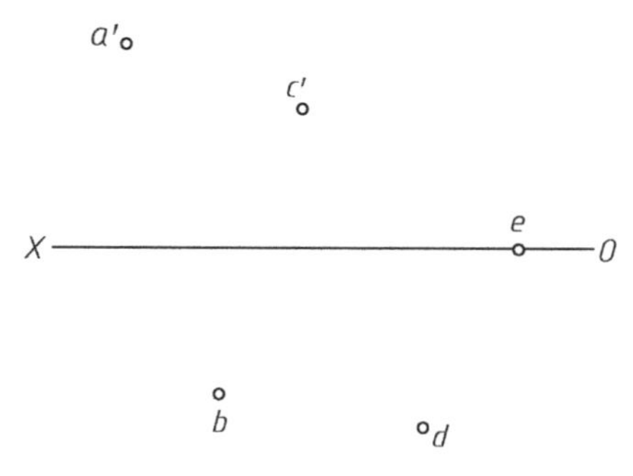

3. 作出各点的三面投影：点 *A*（25，15，20）；点 *B* 距离投影面 *W*、*V*、*H* 分别为 20mm、10mm、15mm；点 *C* 在 *A* 之左 10mm，*A* 之前 15mm，*A* 之上 12mm；点 *D* 在 *A* 正下 8mm。

4. 判断下列直线与投影面的相对位置，并填写名称。

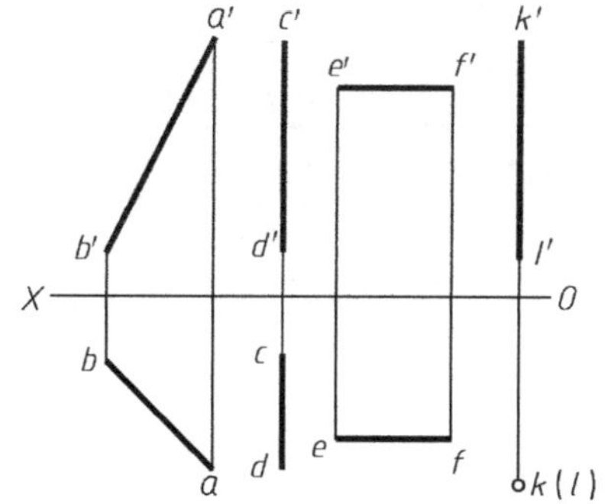

AB 是______，***CD*** 是______，***EF*** 是______，***KL*** 是______。

3-2　点、线、面的投影（续）

5. 补全水平线 *AB*、正垂线 *CD*（长为 15mm）的三面投影。

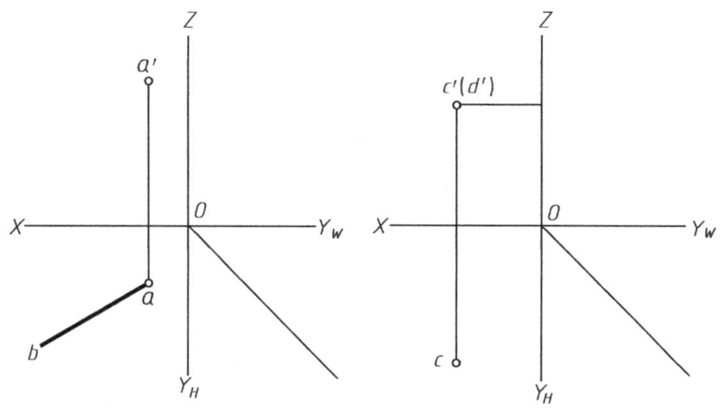

6. 直线 *AB* 上有一点 *C*，完成点 *C* 的水平面投影。

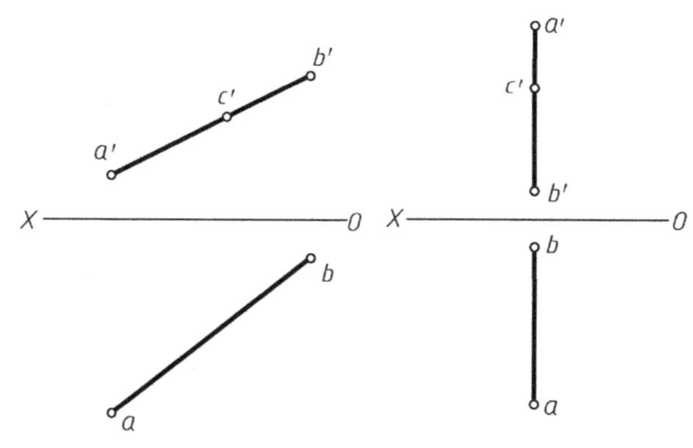

7. 判断并填写两直线的相对位置。

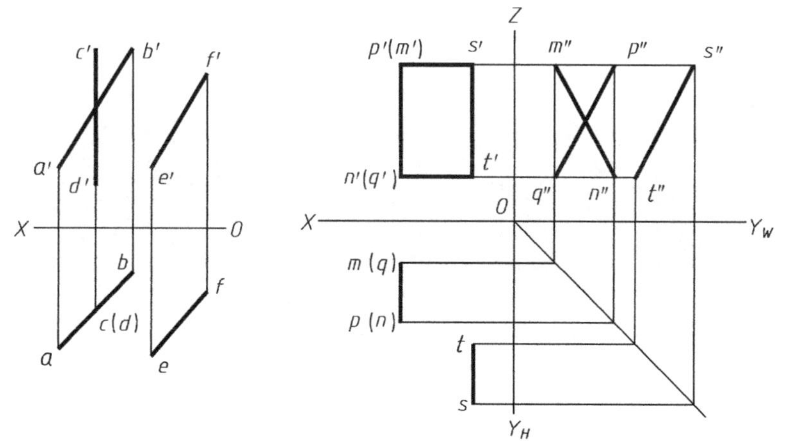

AB、*CD* 是______，*PQ*、*MN* 是______，*AB*、*EF* 是______，*PQ*、*ST* 是______，*CD*、*EF* 是______，*MN*、*ST* 是______。

8. 过点 *M* 作直线 *MK* 与直线 *AB* 平行，并与直线 *CD* 相交。

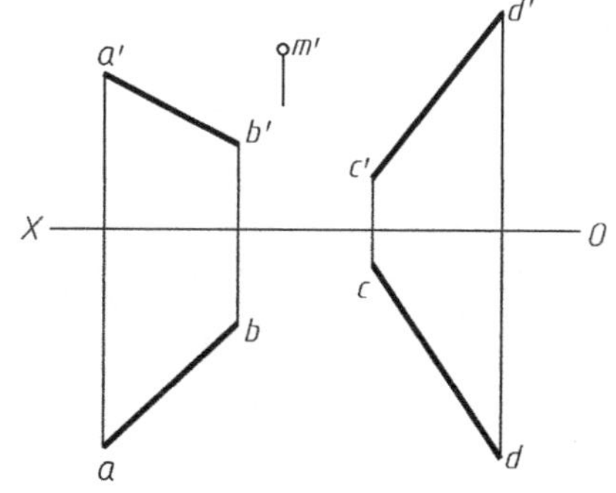

5. 补全水平线AB，正垂线CD（长为15mm）的三面投影。

6. 直线AB上有一点C，完成点C的水平面投影。

7. 判断并填写两直线的相对位置。

AB、CD是______，PQ、MN是______，AB、EF是______，PQ、ST是______，CD、EF是______，MN、ST是______。

8. 过点M作直线MK与直线AB平行，并与直线CD相交。

3-2 点、线、面的投影（续）

9. 已知正垂位置的正方形 *ABCD*，补全正方形的两面投影。

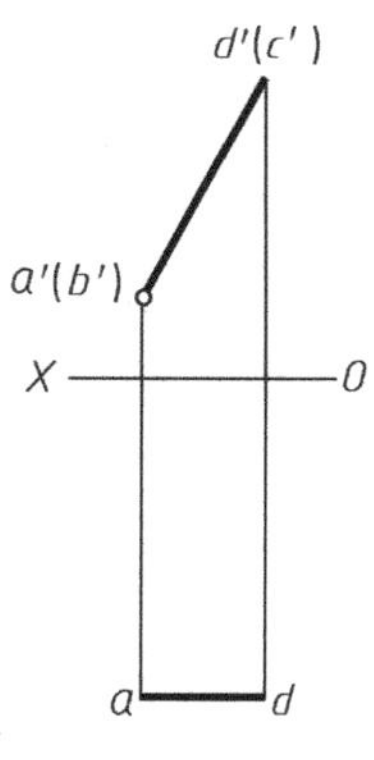

10. 已知点 *K* 在五边形平面内，完成点 *K* 的两面投影。

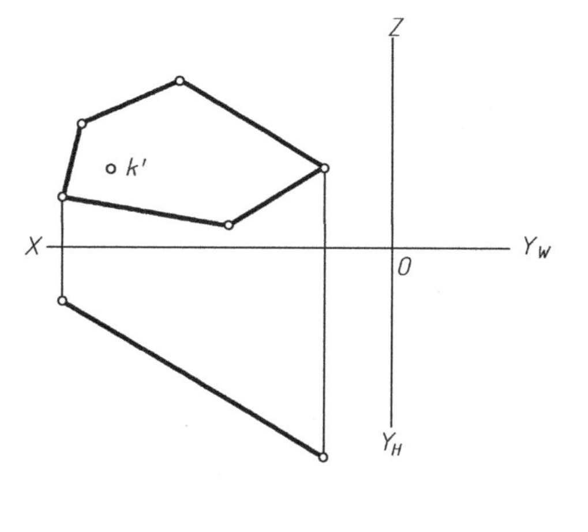

11. 判断点 *K* 和直线 *MS* 是否在△*MNT* 平面上？填写“在”或“不在”。

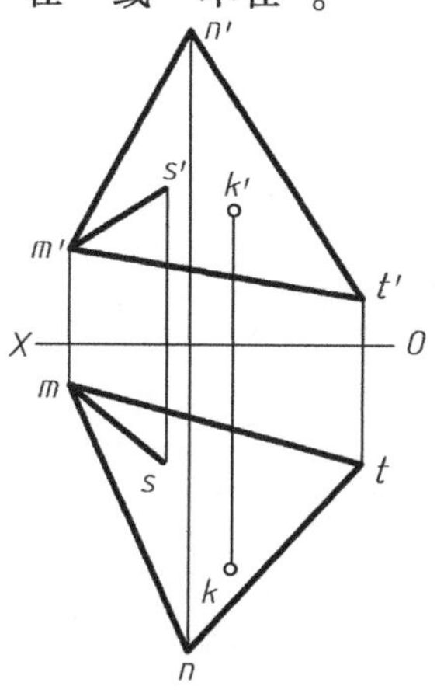

点 *K* ______ △*MNT* 平面上，直线 *MS* ______△*MNT* 平面上。

12. 在三视图中完成平面 *P* 的第三面投影并填空。

(1)

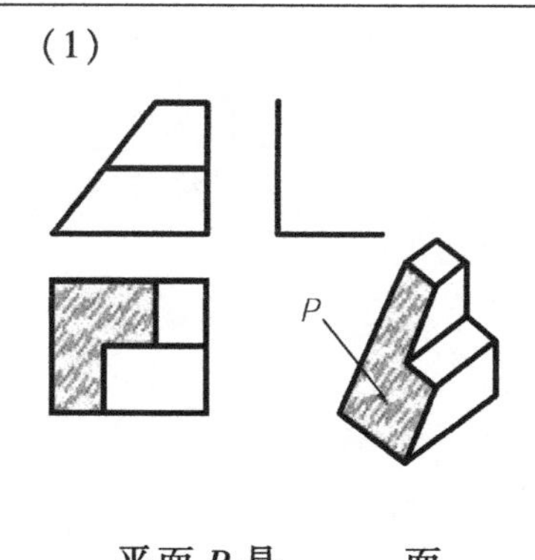

平面 *P* 是______面

(2)

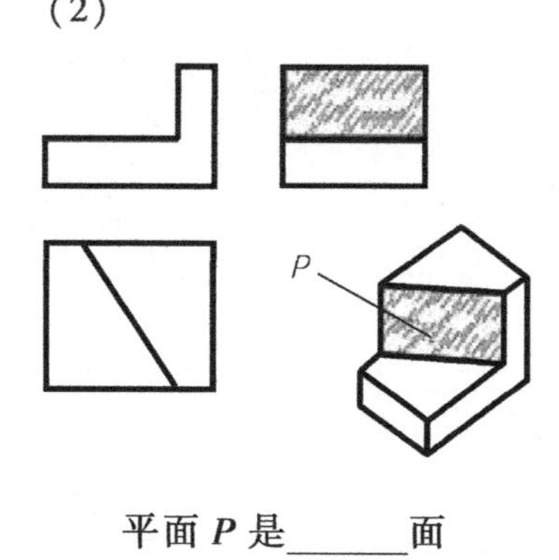

平面 *P* 是______面

(3)

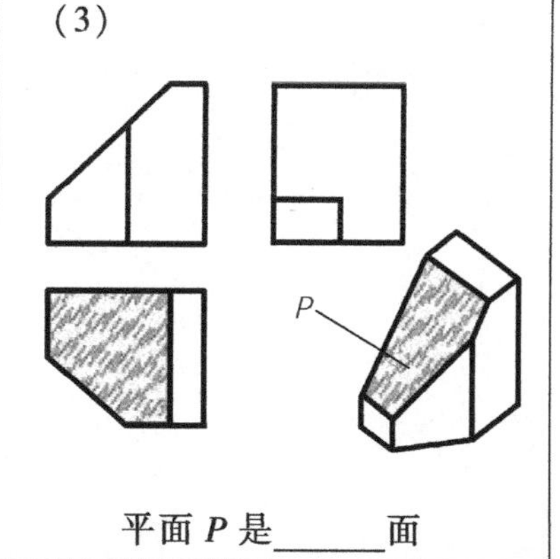

平面 *P* 是______面

(4)

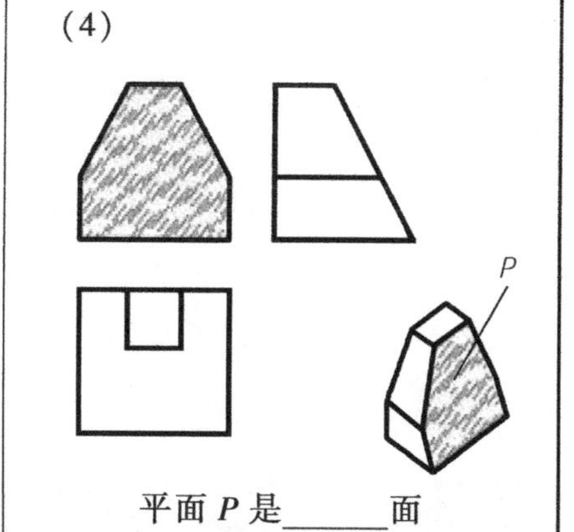

平面 *P* 是______面

9. 已知正垂位置的正方形ABCD，补全正方形的两面投影。
10. 已知点K在五边形平面内，完成点K的两面投影。
11. 判断点K和直线MS是否在△MNT平面上（填写"在"或"不在"）。
点K ___ △MNT平面上，直线MS ___ △MNT平面上。
12. 在三视图中标出平面P的第三面投影并填空。
(1) 平面P是___面
(2) 平面P是___面
(3) 平面P是___面
(4) 平面P是___面

3-3 平面立体

1. 补画五棱柱的左视图，并补全棱柱表面各点的三面投影。

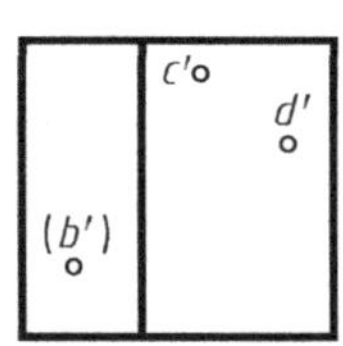

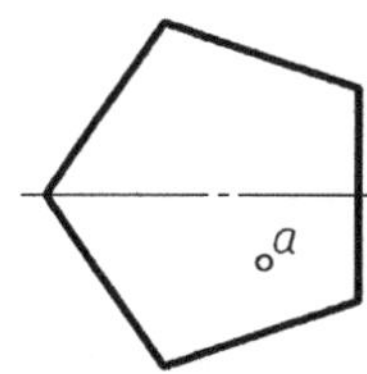

2. 补画四棱台的左视图，并补全棱台表面各点的三面投影。

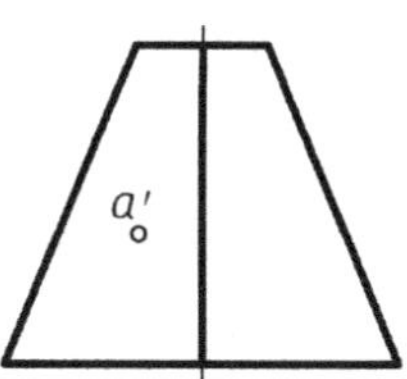

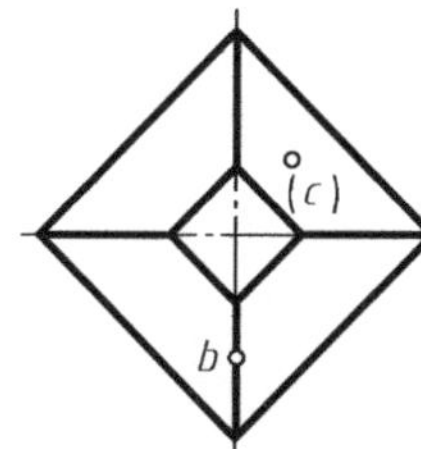

3. 完成三棱锥被截切后的三视图。

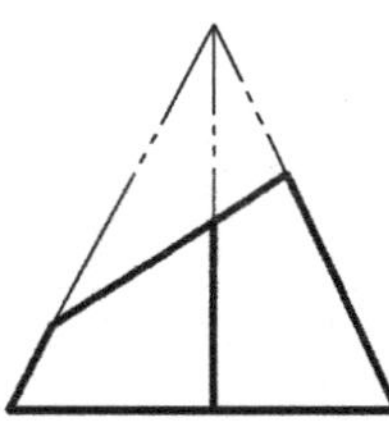

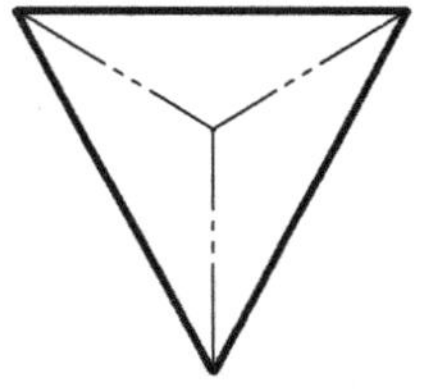

4. 完成五棱柱被截切后的左视图。

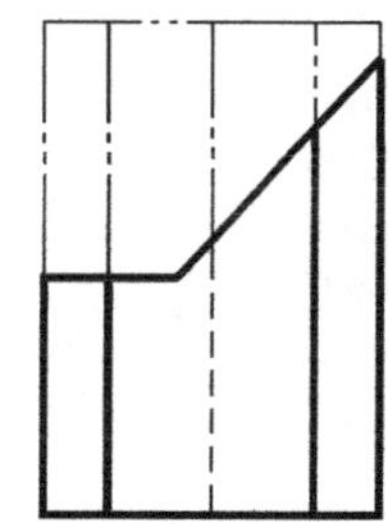

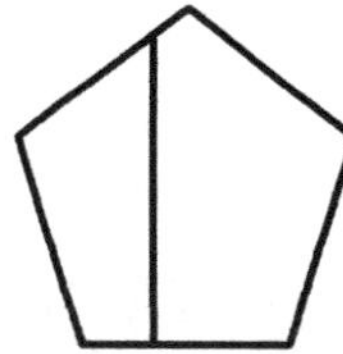

3-3 平面立体（续）

5. 完成四棱锥被平面截切后的三视图。

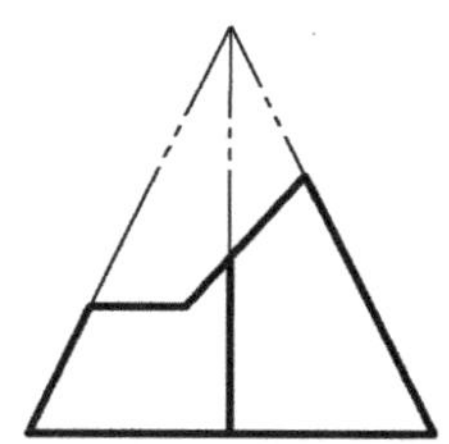

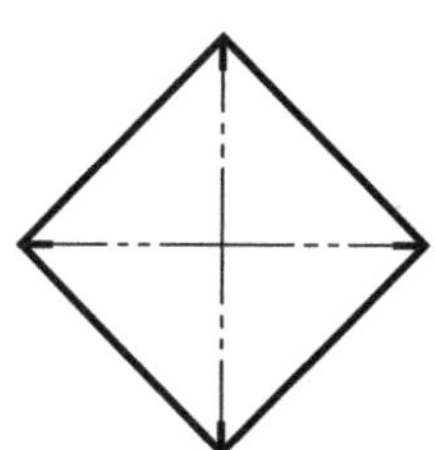

6. 完成六棱柱被截切后的俯视图。

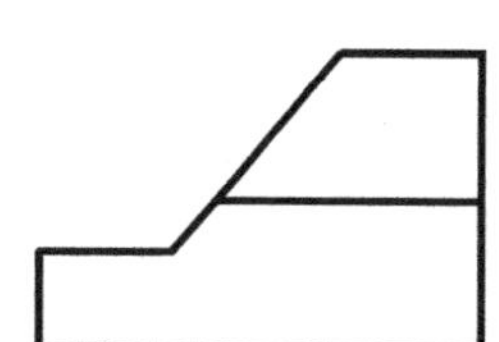

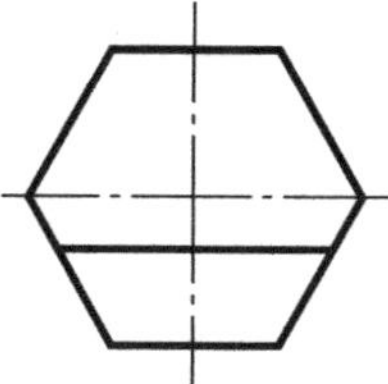

7. 完成三棱柱被截切后的左视图。

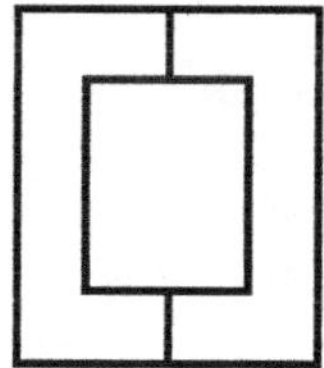

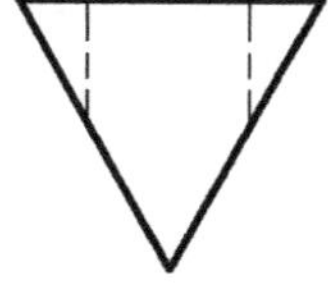

8. 完成四棱柱被截切后的俯视图。

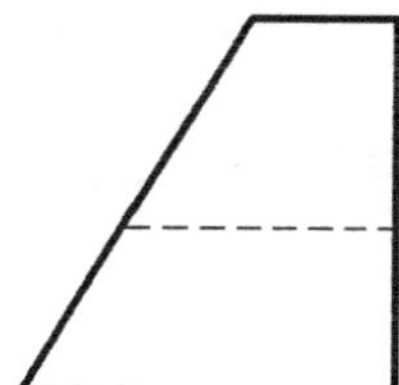

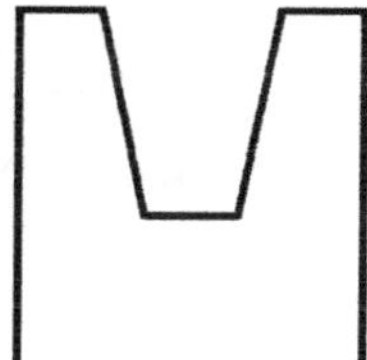

5. 完成四棱锥被平面截切后的三视图。

6. 完成六棱柱被截切后的俯视图。

7. 完成三棱柱被截切后的左视图。

8. 完成四棱柱被截切后的俯视图。

3-4 曲面立体

1. 补全圆柱体三视图及表面各点的三面投影。

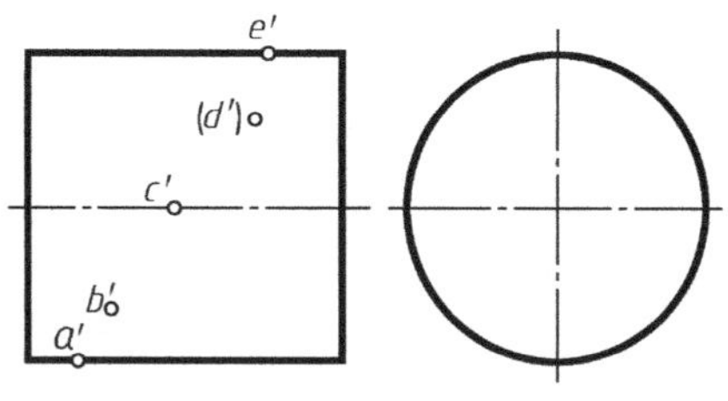

2. 补全圆锥体三视图及表面各点的三面投影。

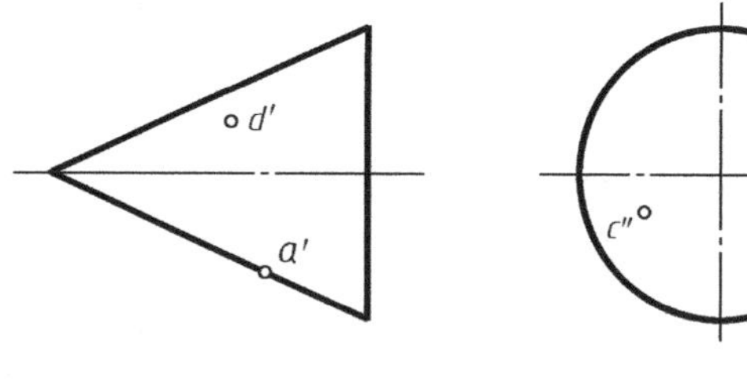

3. 补画圆球的左视图及表面各点的三面投影。

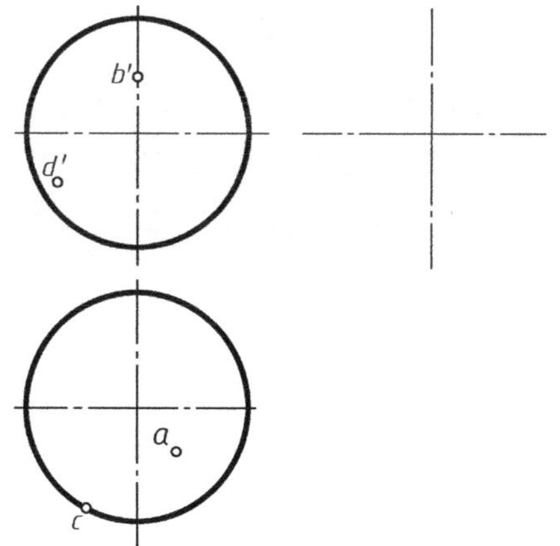

4. 完成圆柱体被平面截切后的俯视图。

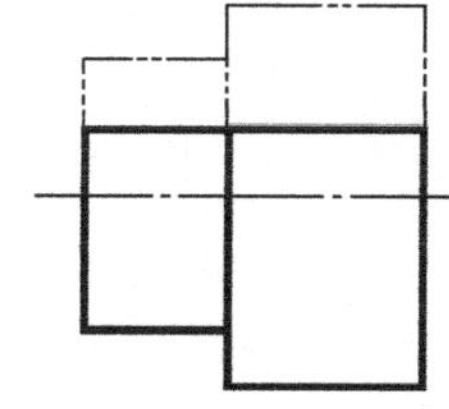

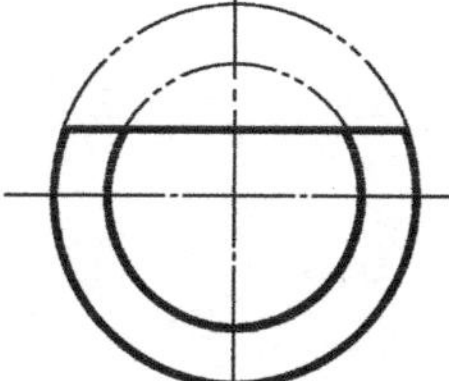

1. 补全圆柱体三视图及表面各点的三面投影

2. 补全圆锥体三视图及表面各点的三面投影

3. 补画圆球的左视图及表面各点的三面投影

4. 完成圆柱体被平面截切后的侧视图

3-4 曲面立体（续）

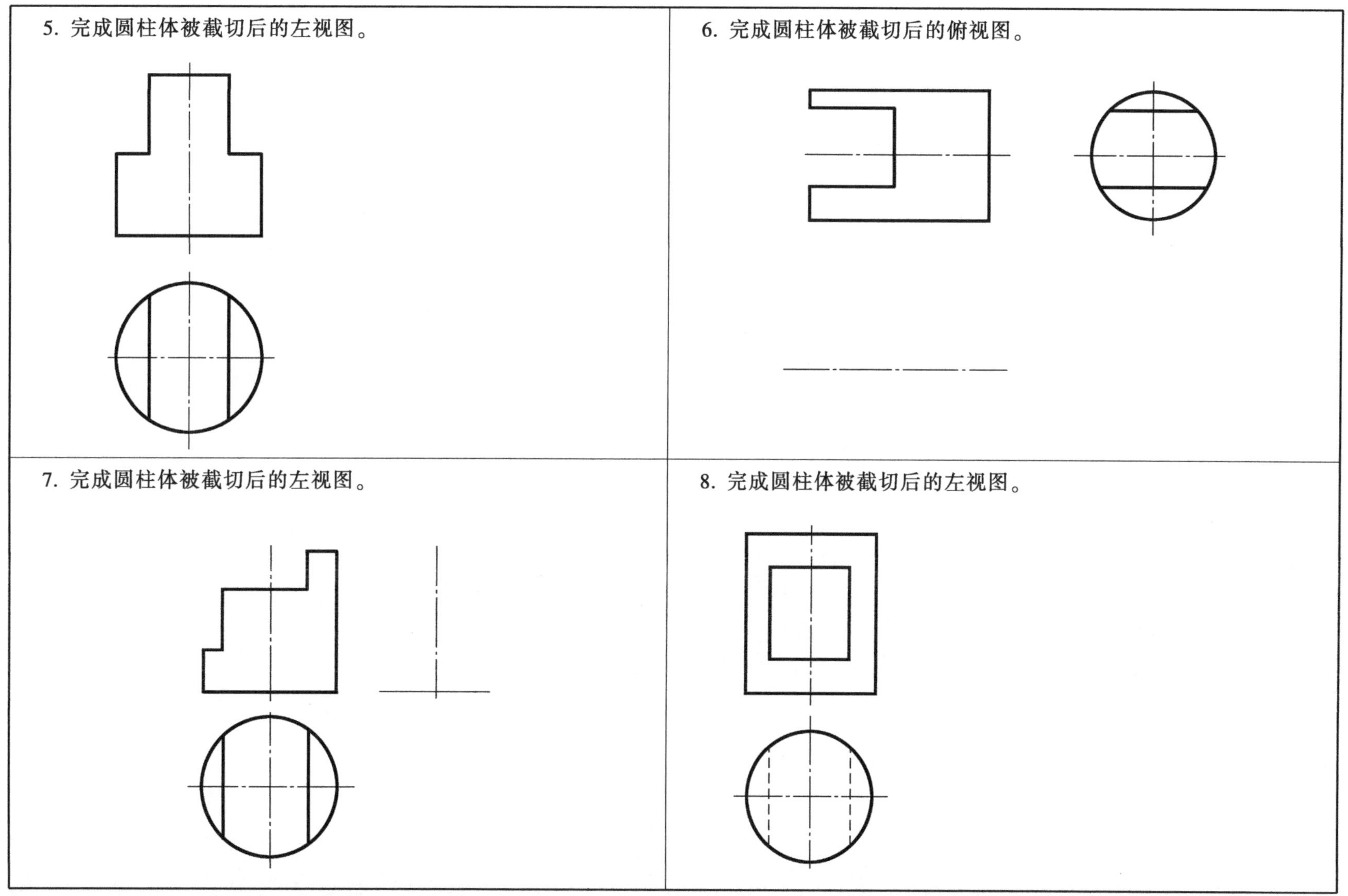
5. 完成圆柱体被截切后的左视图。
6. 完成圆柱体被截切后的俯视图。
7. 完成圆柱体被截切后的左视图。
8. 完成圆柱体被截切后的左视图。

9. 完成圆柱体被截切后的俯视图。

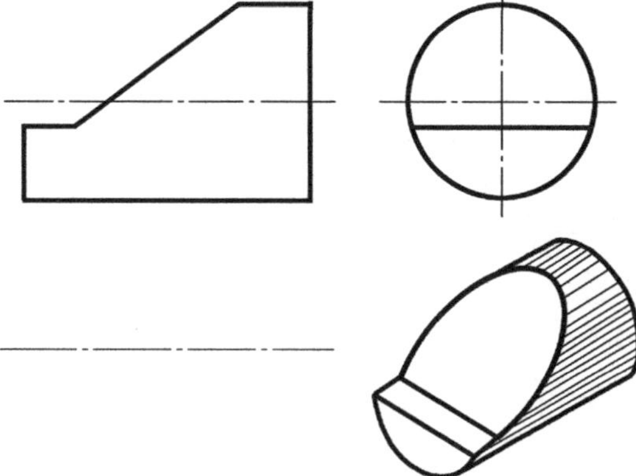

10. 完成圆柱体被截切后的俯视图。

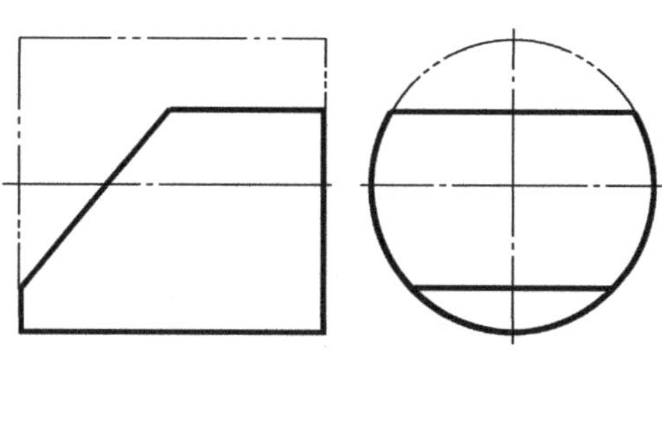

11. 完成圆筒被截切后的左视图。

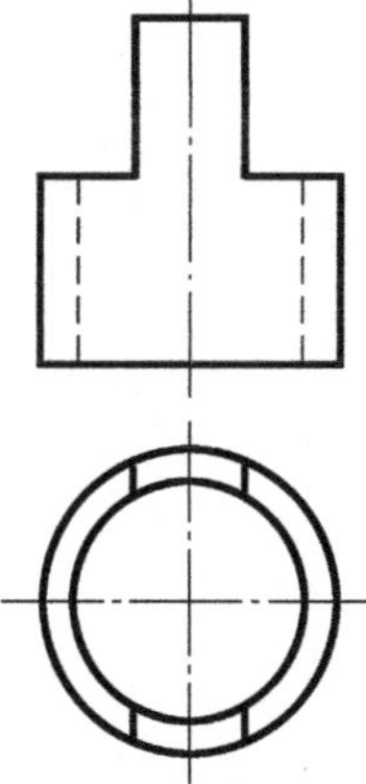

12. 完成圆筒被截切后的左视图。

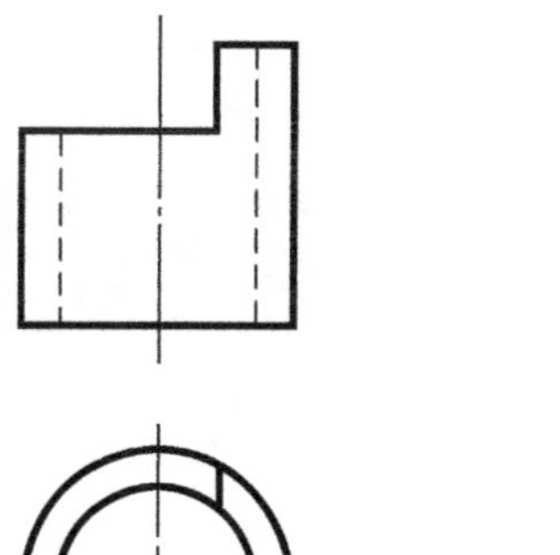

9. 完成圆柱体被截切后的俯视图。

10. 完成圆柱体被截切后的侧视图。

11. 完成圆筒被截切后的左视图。

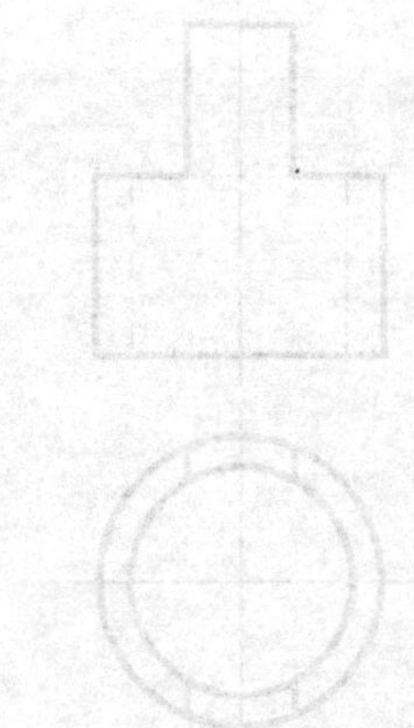

12. 完成圆筒被截切后的左视图。

3-4 曲面立体（续）

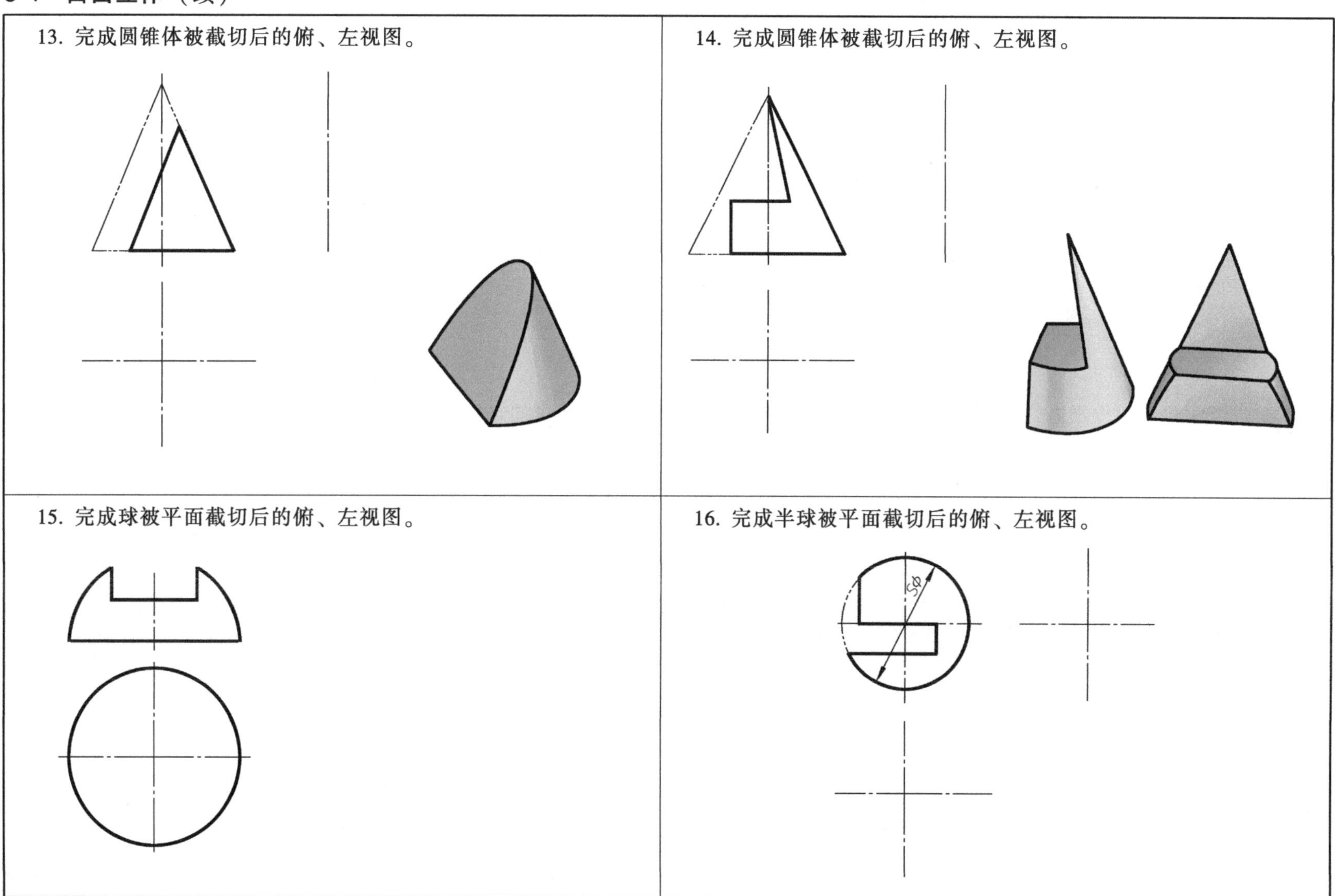

13. 完成圆锥体被截切后的俯、左视图。
14. 完成圆锥体被截切后的俯、左视图。
15. 完成球被平面截切后的俯、左视图。
16. 完成半球被平面截切后的俯、左视图。
Sφ

3-4 曲面立体（续）

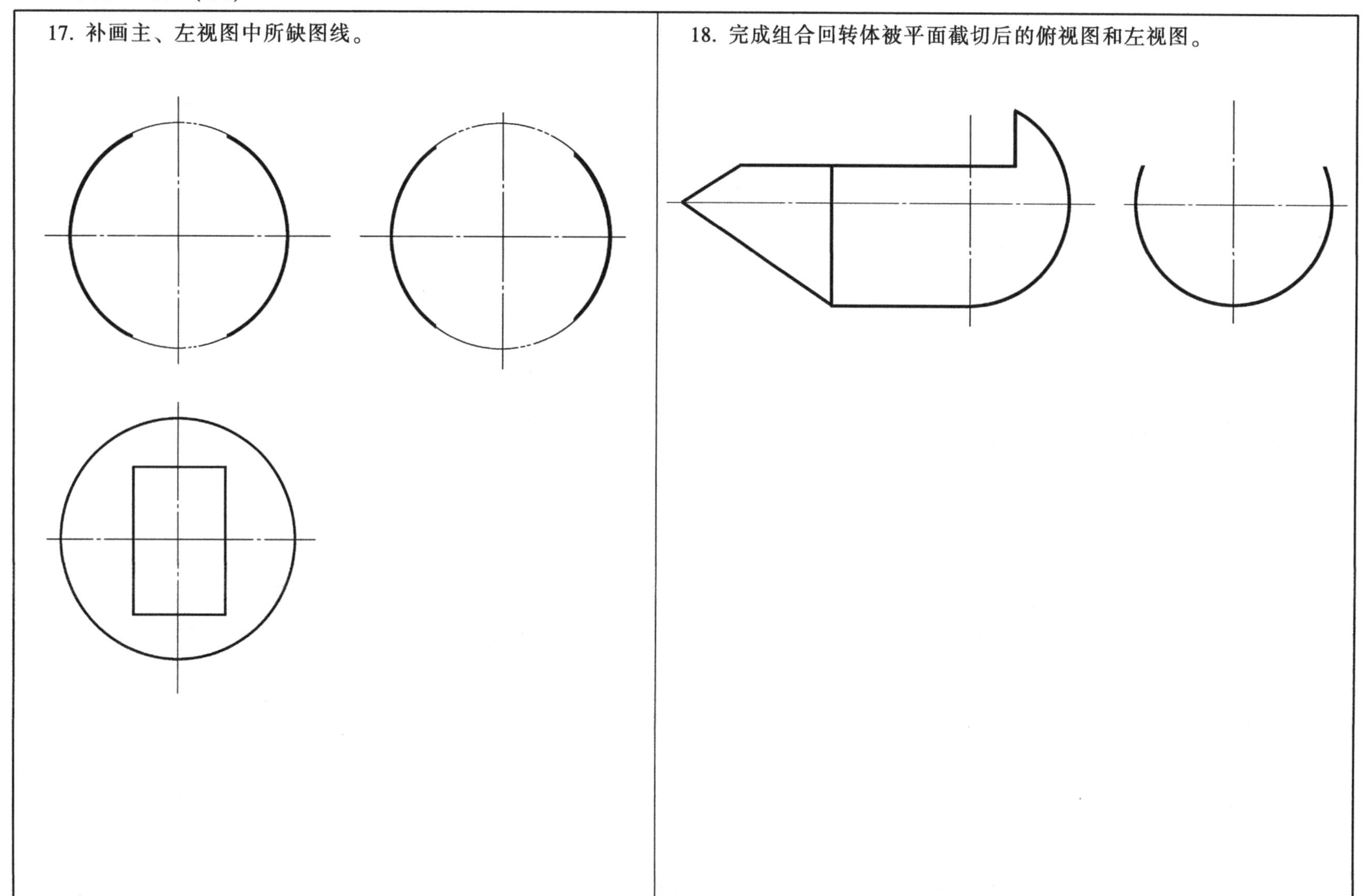

17. 补画主、左视图中所缺图线。

18. 完成组合回转体被平面截切后的俯视图和左视图。

3-5 相贯线

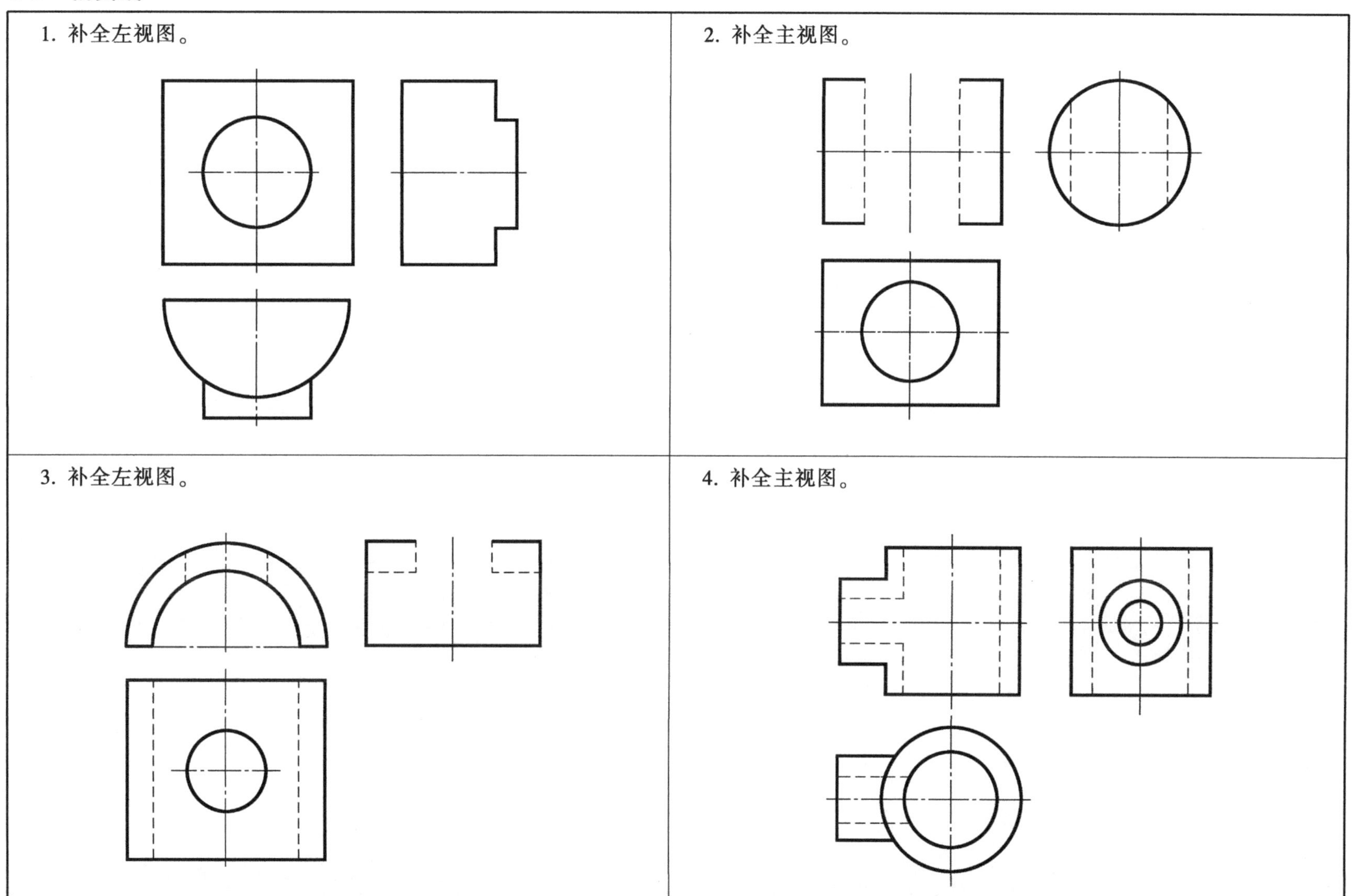

3-5 相贯线（续）

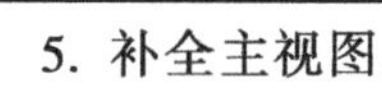

5. 补全主视图。

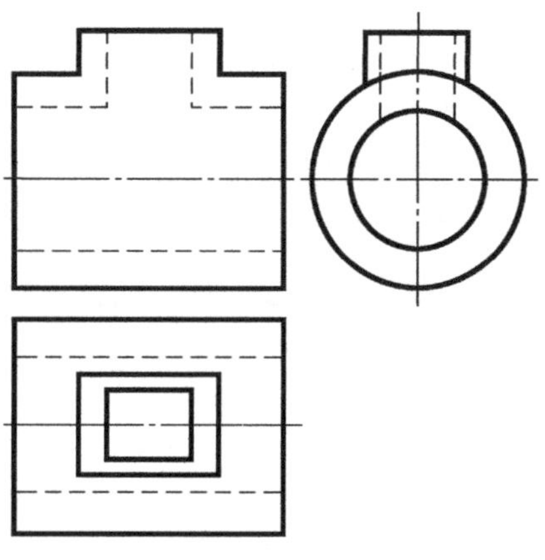

6. 补全主视图。

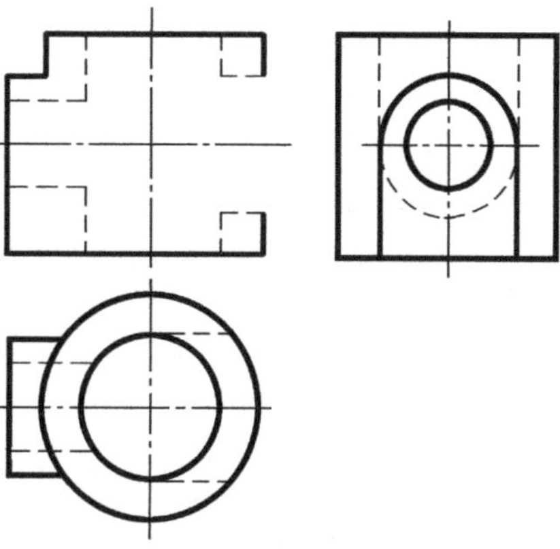

7. 补画主视图。

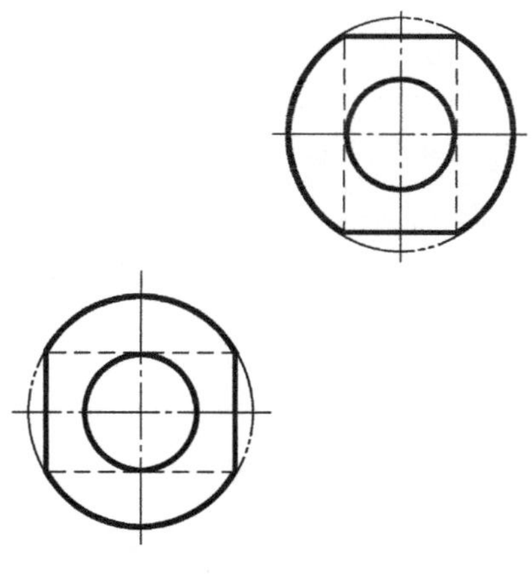

8. 补全相贯线。

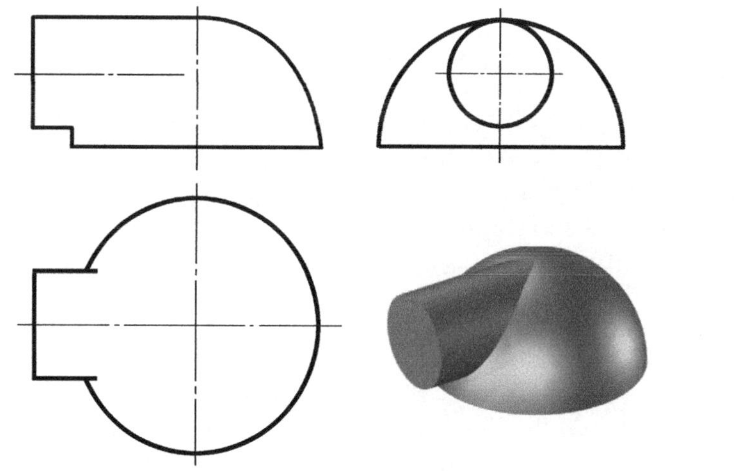

3-6 组合体

1. 补画组合体视图中所缺图线。

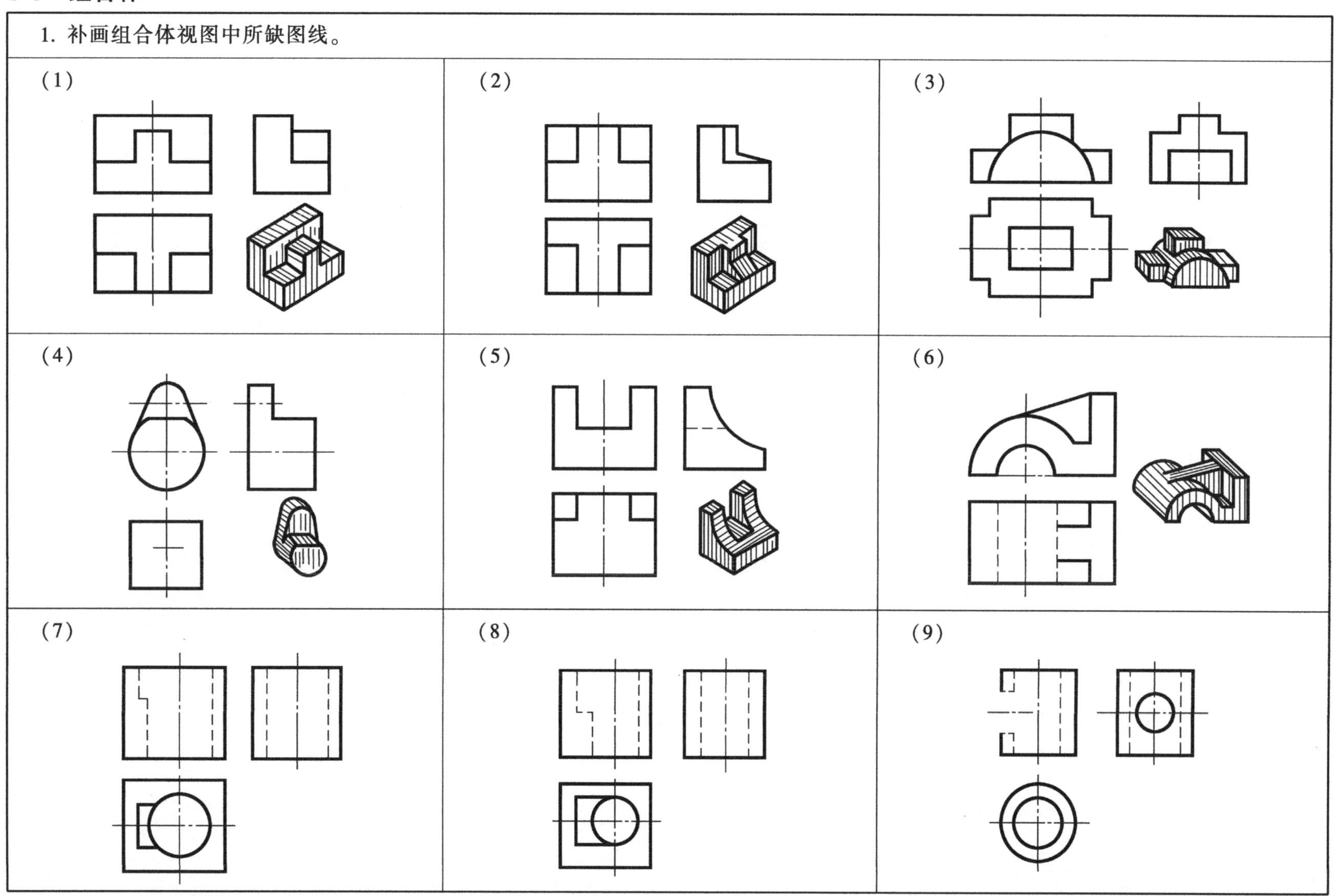

1. 补画组合体视图中所缺图线。

2. 参照立体图，补画所缺视图。

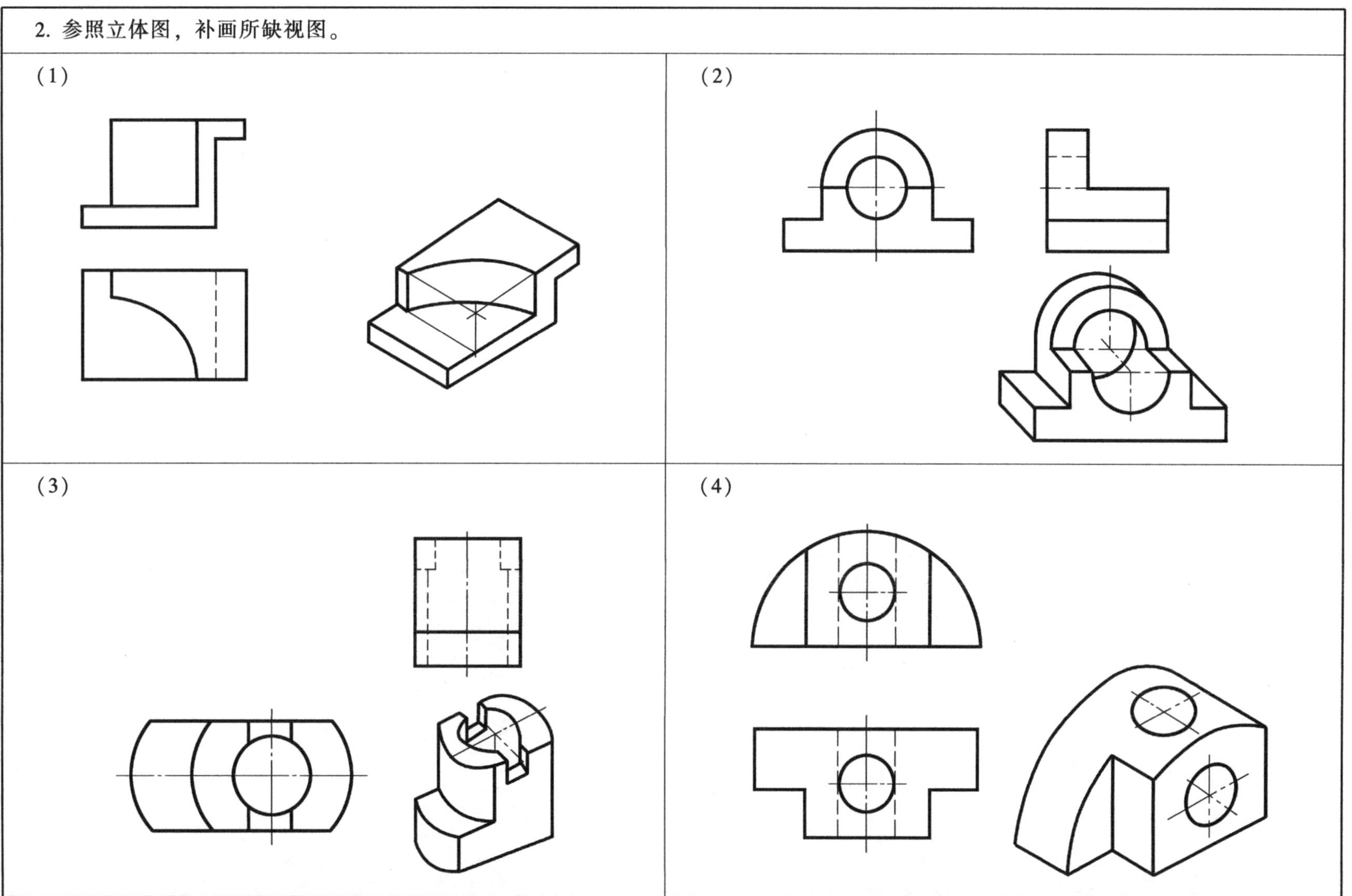

2. 参照立体图，补画所缺视图

3-6　组合体（续）

3. 由立体图徒手画出组合体的三视图。

（1）	（2）

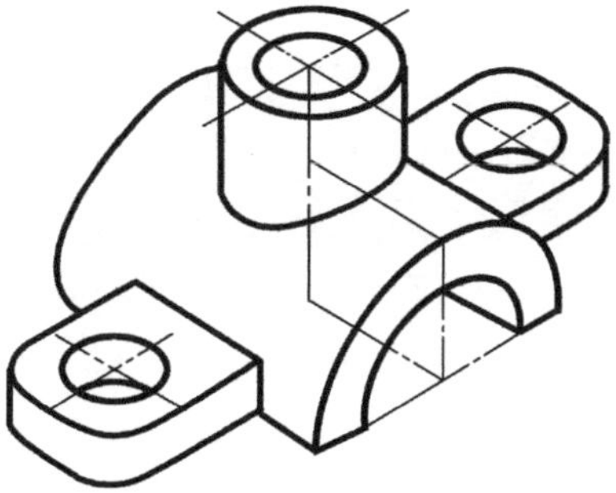

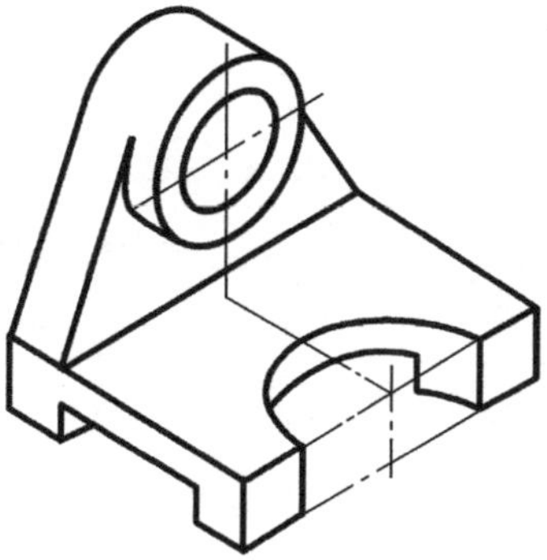

3. 由立体图徒手画出组合体的三视图。

(1)

(2)

3-6 组合体（续）

4. 读懂两视图后，补画第三视图。

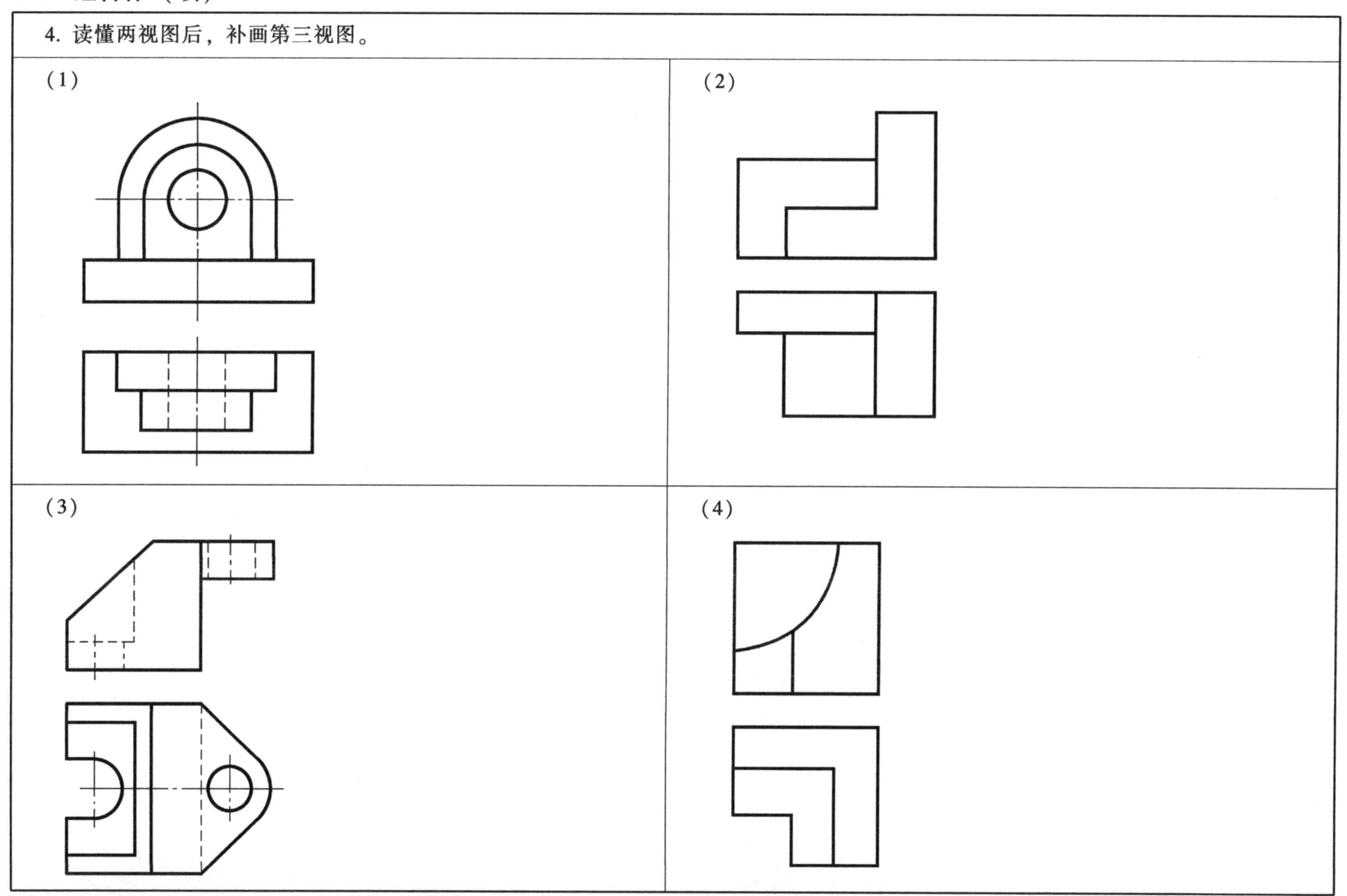

4. 读懂两视图后，补画第三视图。

4. 读懂两视图后，补画第三视图（续）。

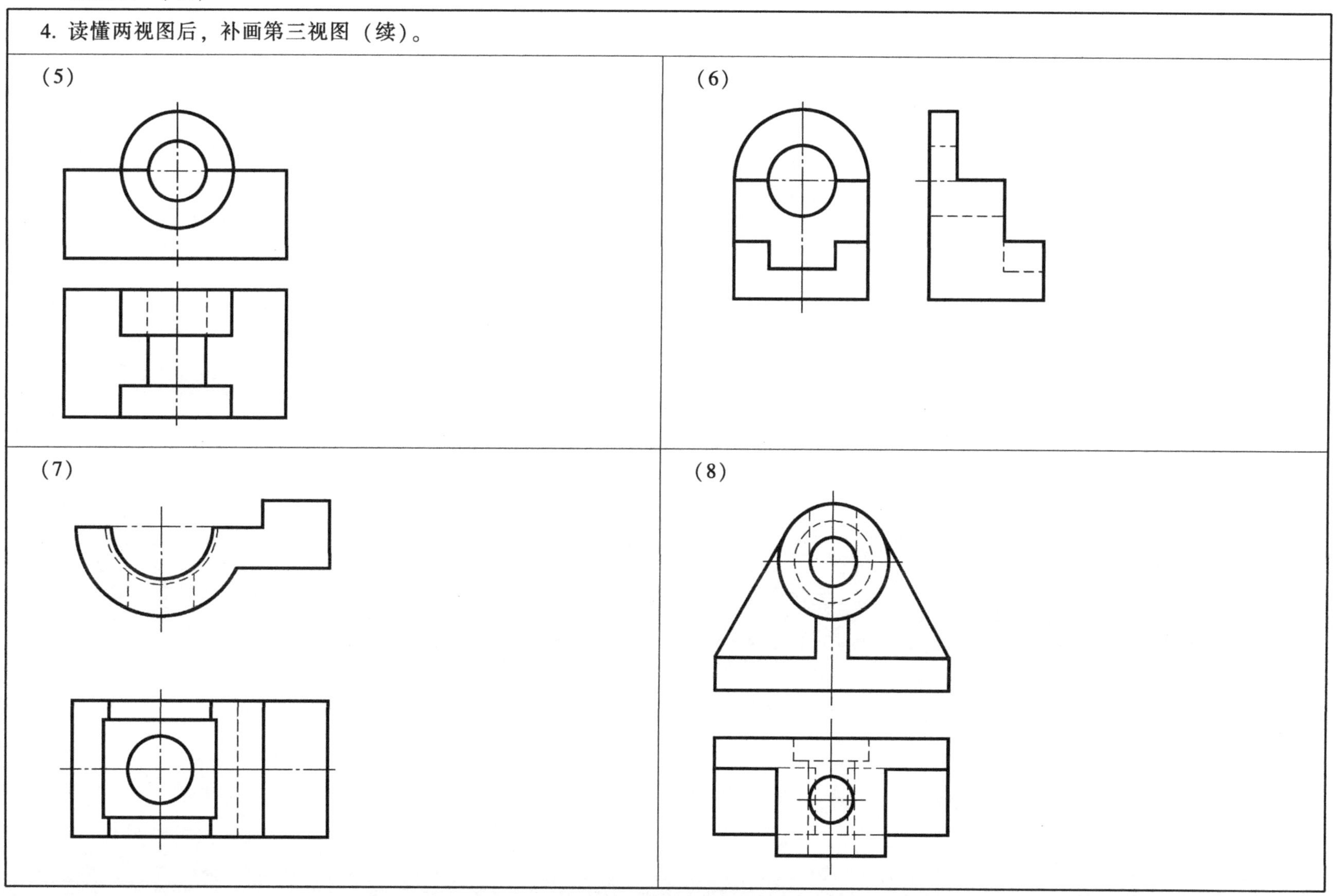

3-6 组合体（续）

4. 读懂两视图后，补画第三视图（续）。

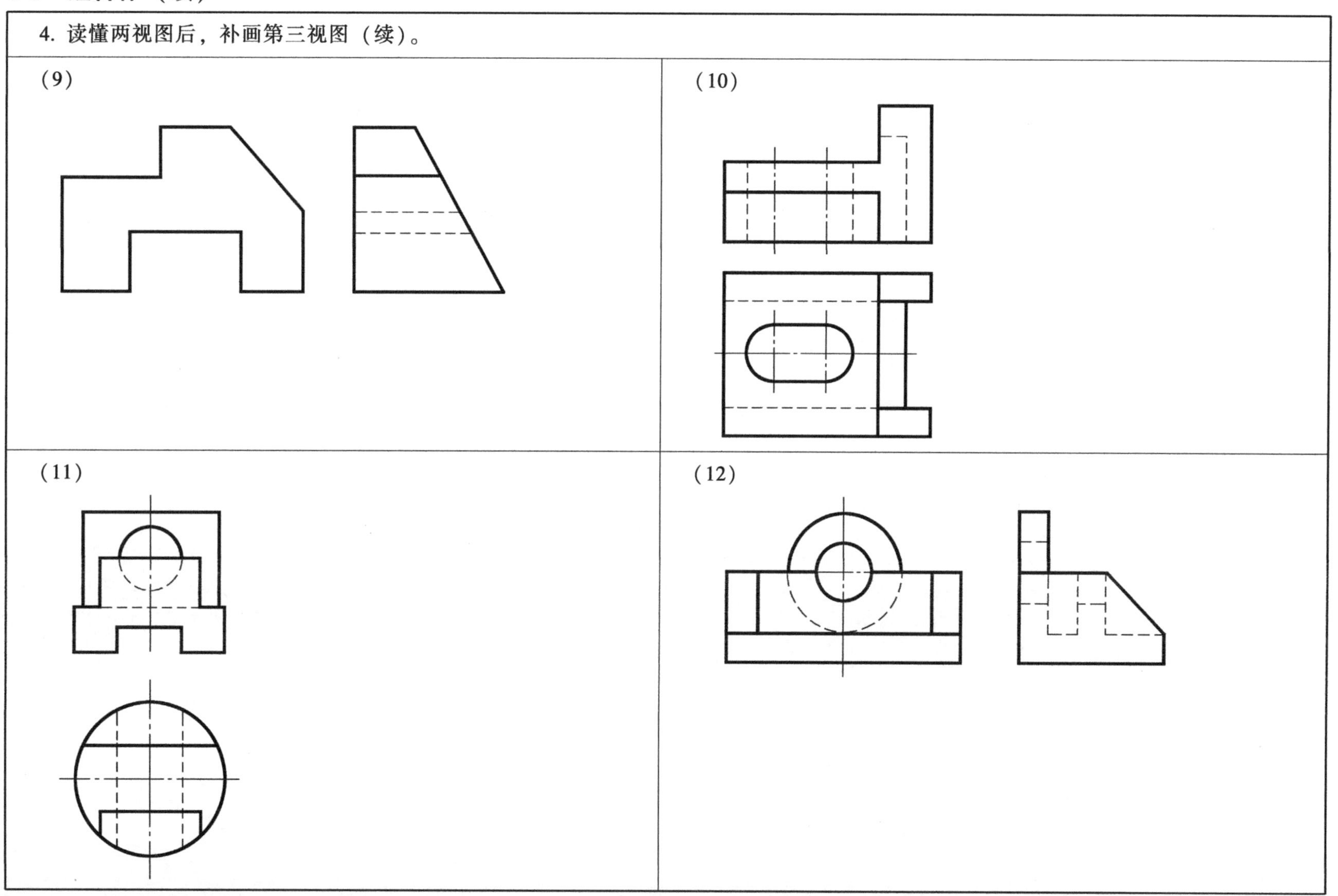

4. 根据两视图，补画第三视图（续）

5. 补画视图中所缺图线。

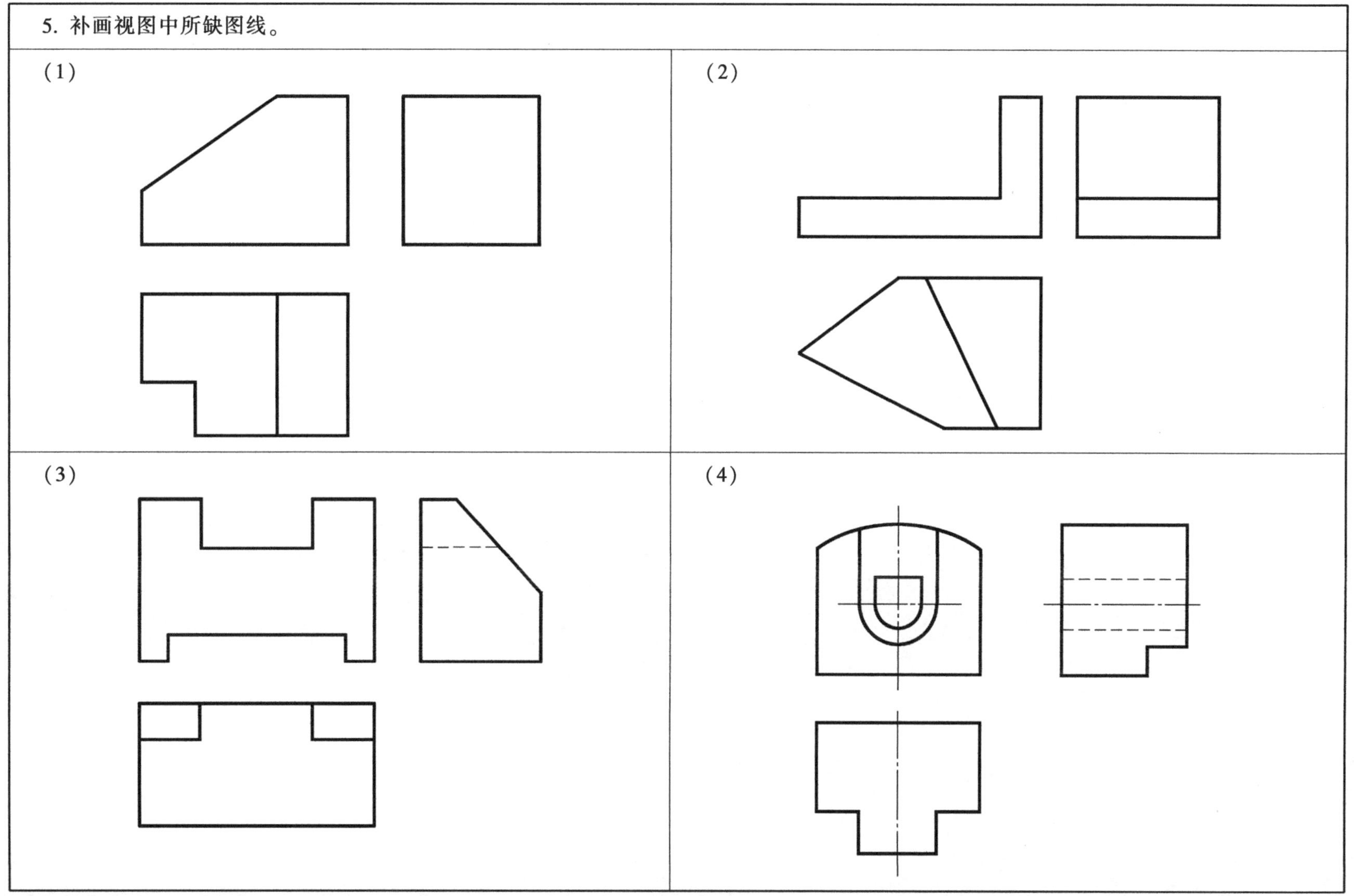

5. 补画视图中所缺图线。

5. 补画视图中所缺图线（续）。

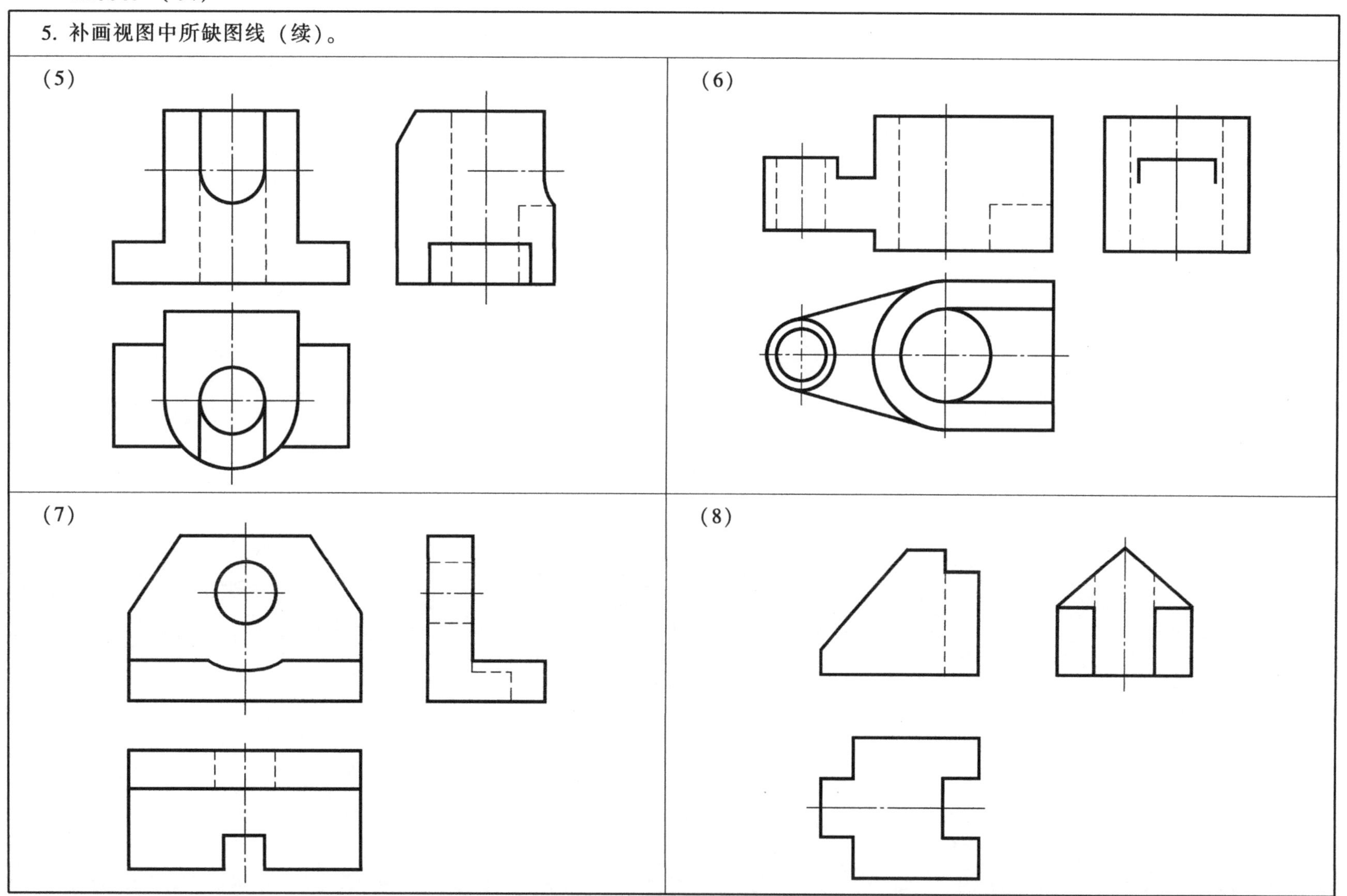

5. 补画视图中所缺图线（续）。

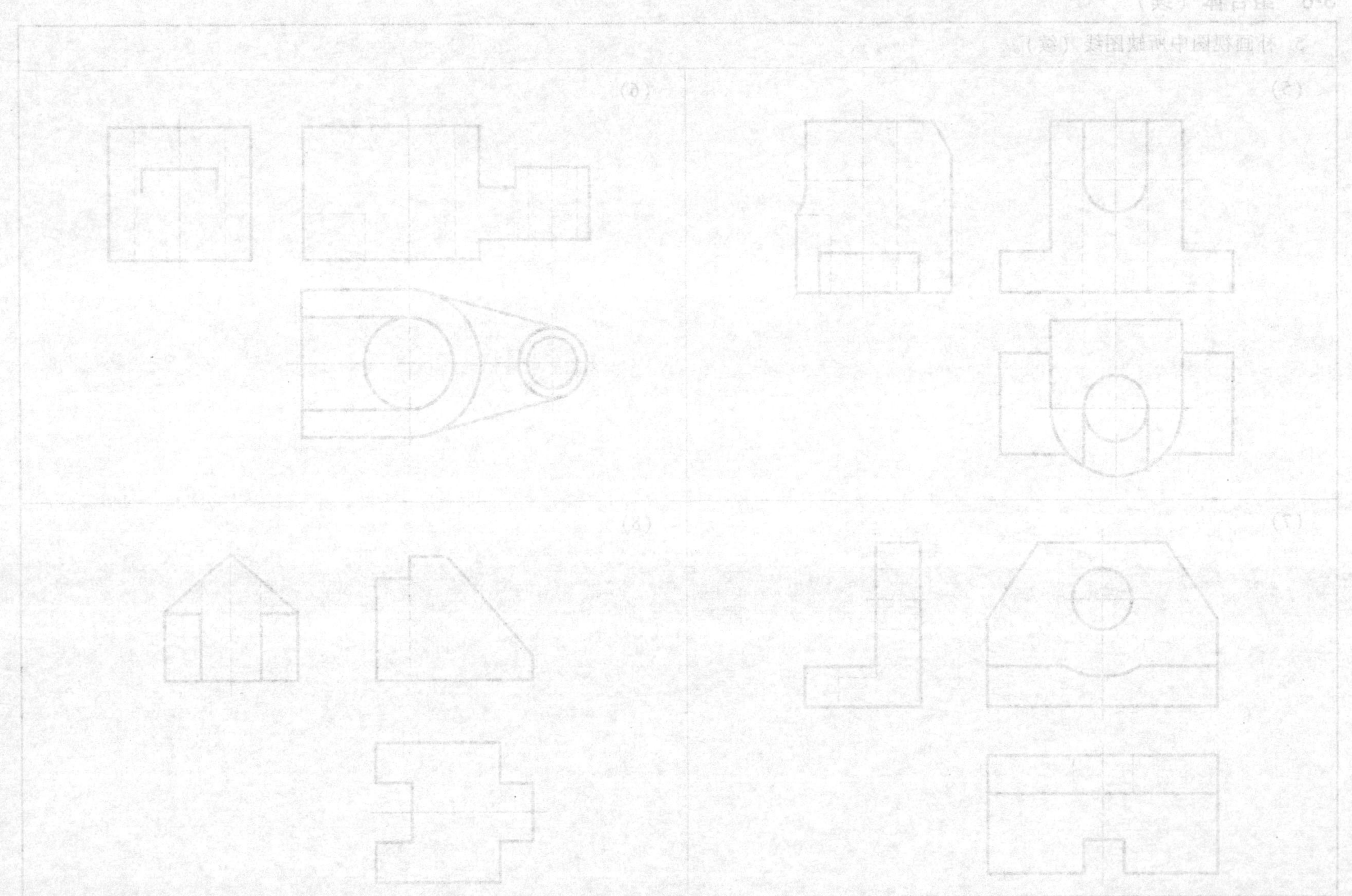

3-6 组合体（续）

6. 标注组合体的尺寸（尺寸数值按 1：1 的比例从图中量取整数）。

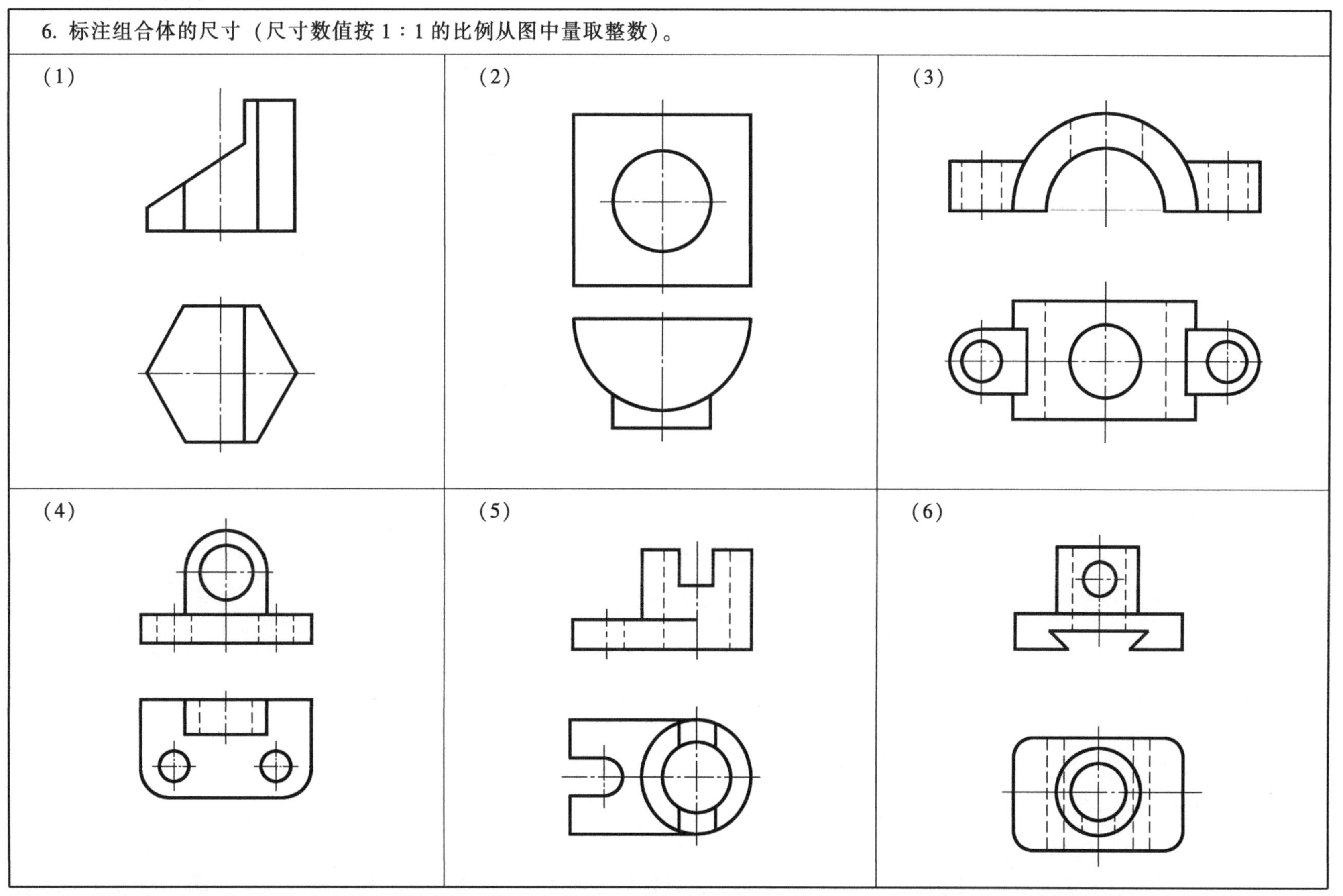

3-7 轴测图

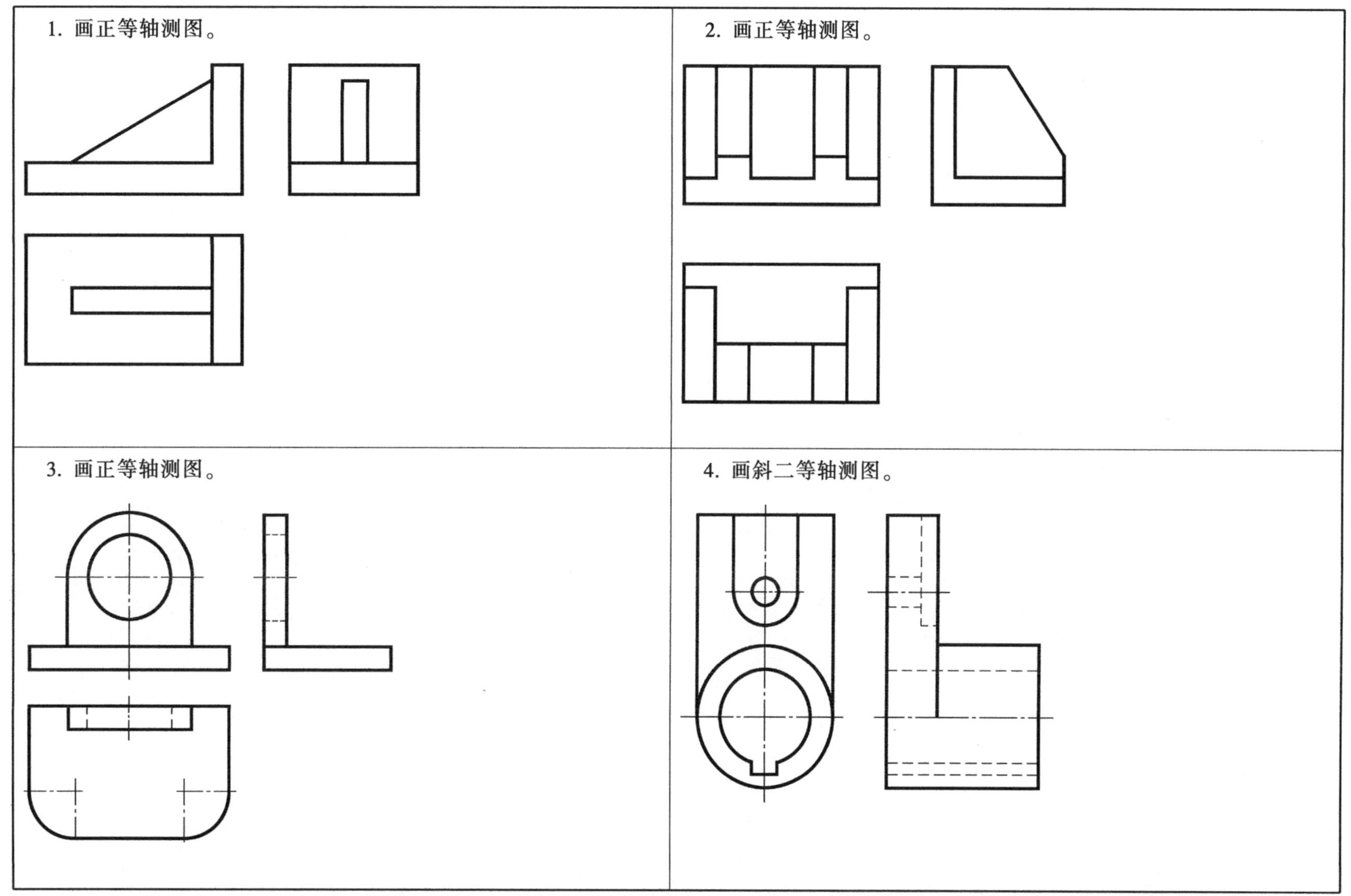

项目四　识读和绘制机件表达方案图

4-1　基本视图、向视图、局部视图和斜视图

1. 补全六个基本视图。

2. 把主视图画成局部视图，并画出 A 向斜视图。

3. 作局部视图和斜视图。

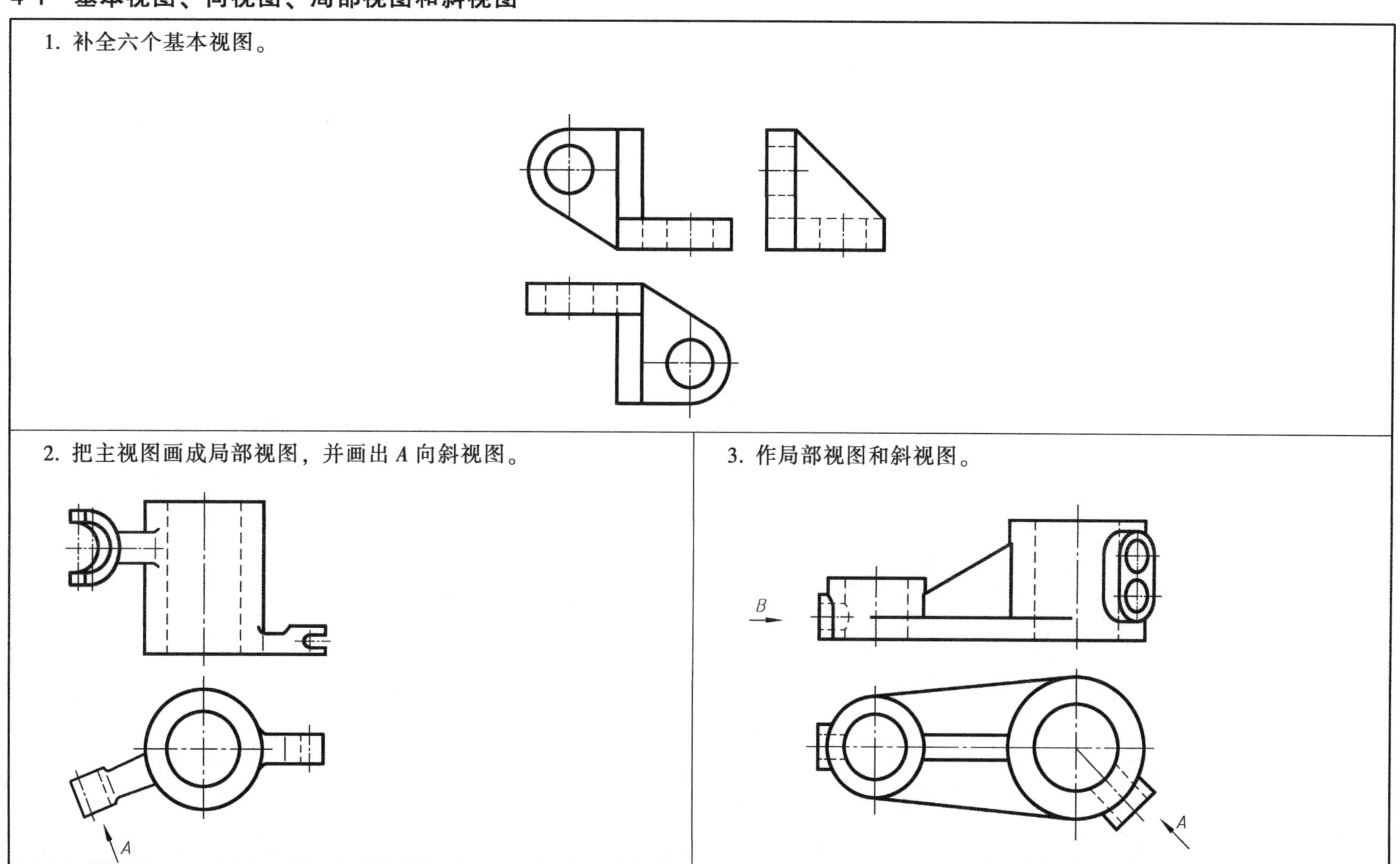

4-2 剖视图

1. 补全主视图中漏画的图线。

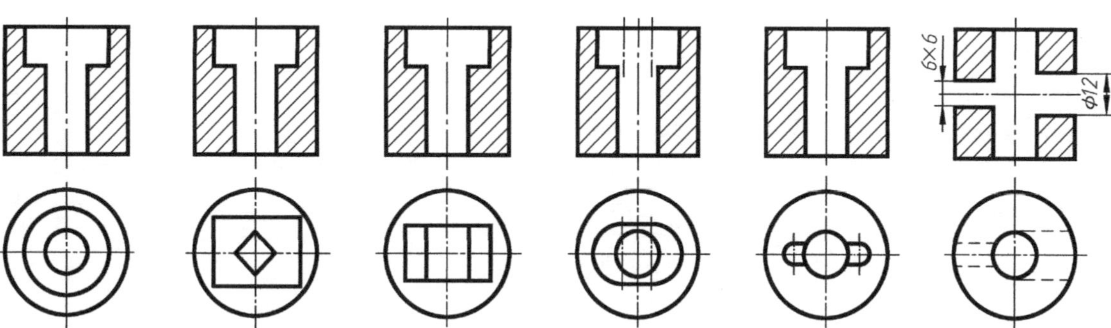

2. 分析图中的错误画法，作正确的剖视图。

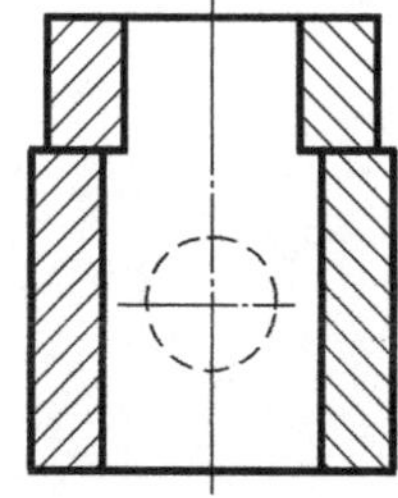

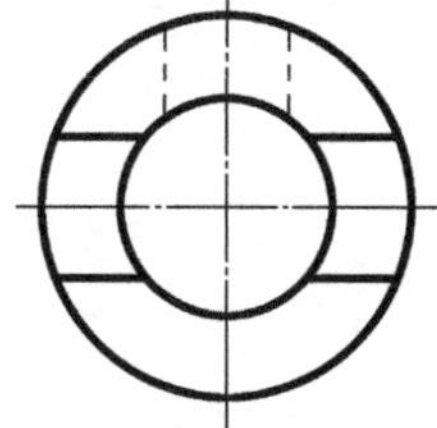

3. 把主视图画成全剖视图。

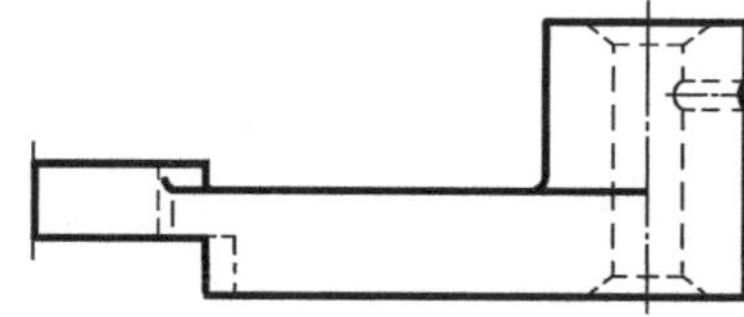

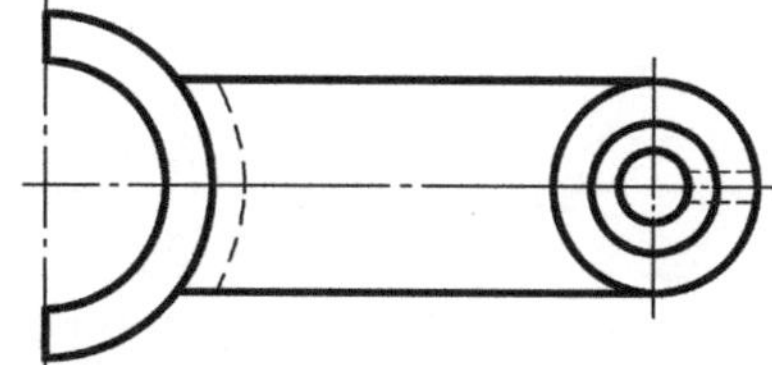

1. 补全主视图中漏画的图线。

2. 分析图中的错误画法，作正确的剖视图。

3. 把主视图画成全剖视图。

4-2 剖视图（续）

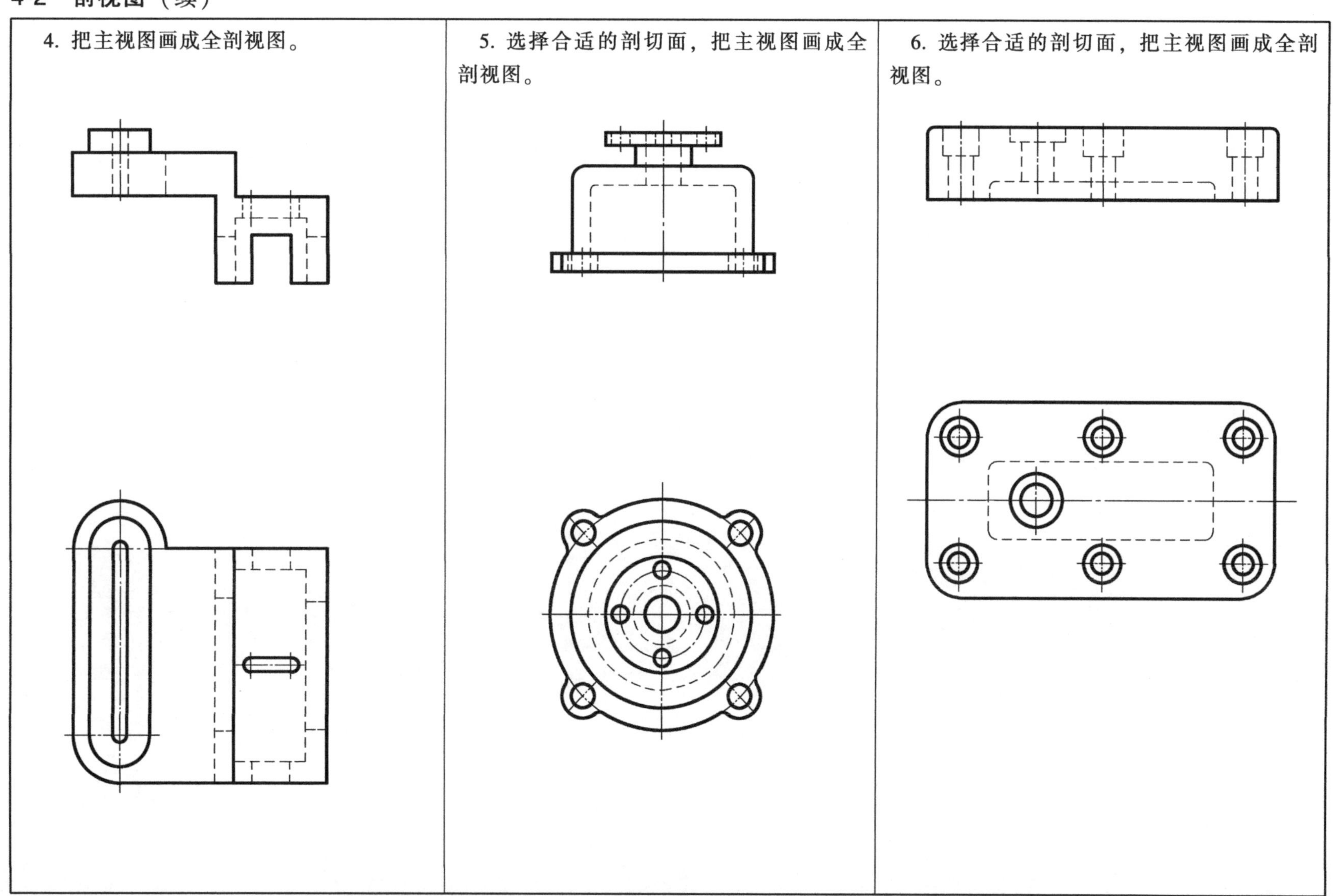

7. 选择合适的剖切面，把主视图画成全剖视图。

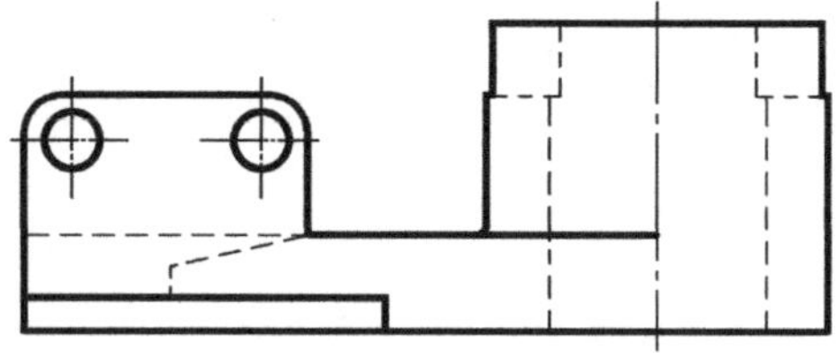

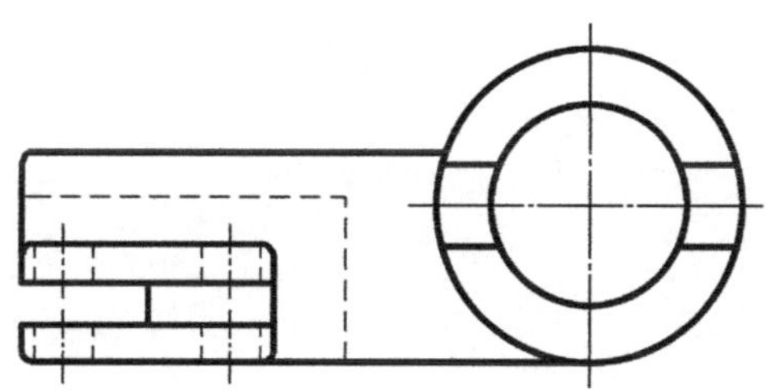

8. 作 *A—A*、*B—B* 全剖视图。

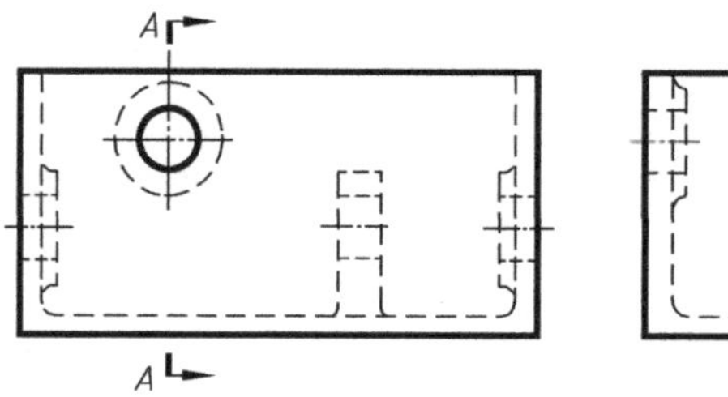

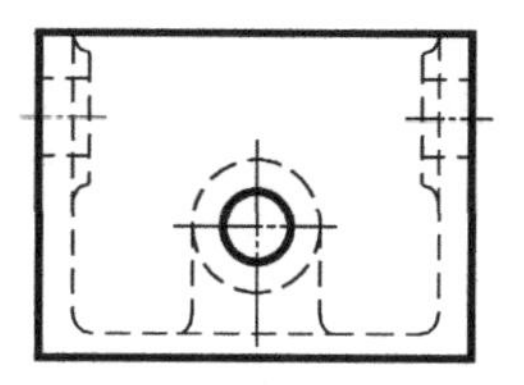

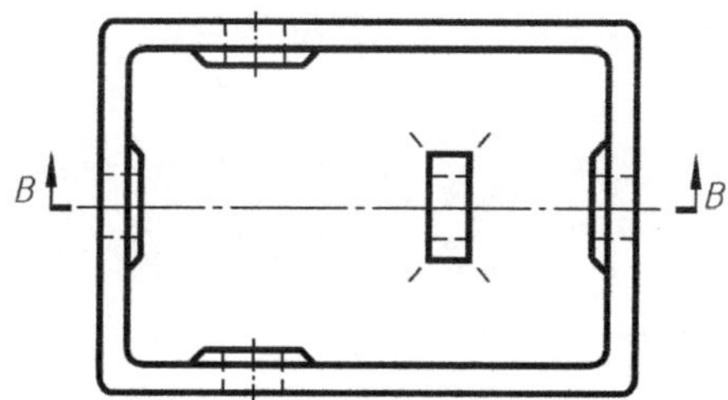

9. 作 $C—C$ 全剖视图。

10. 把主视图画成半剖视图。

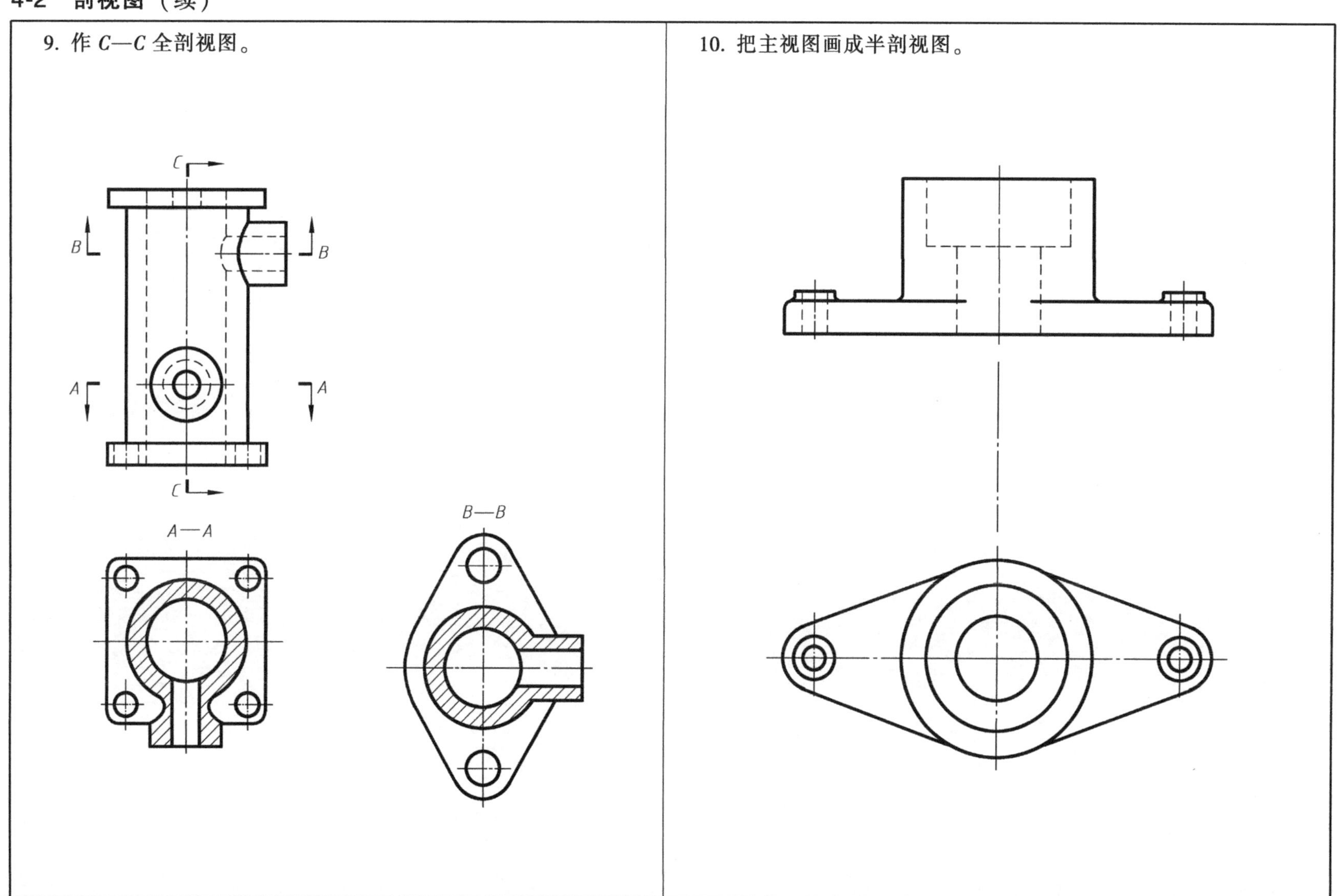

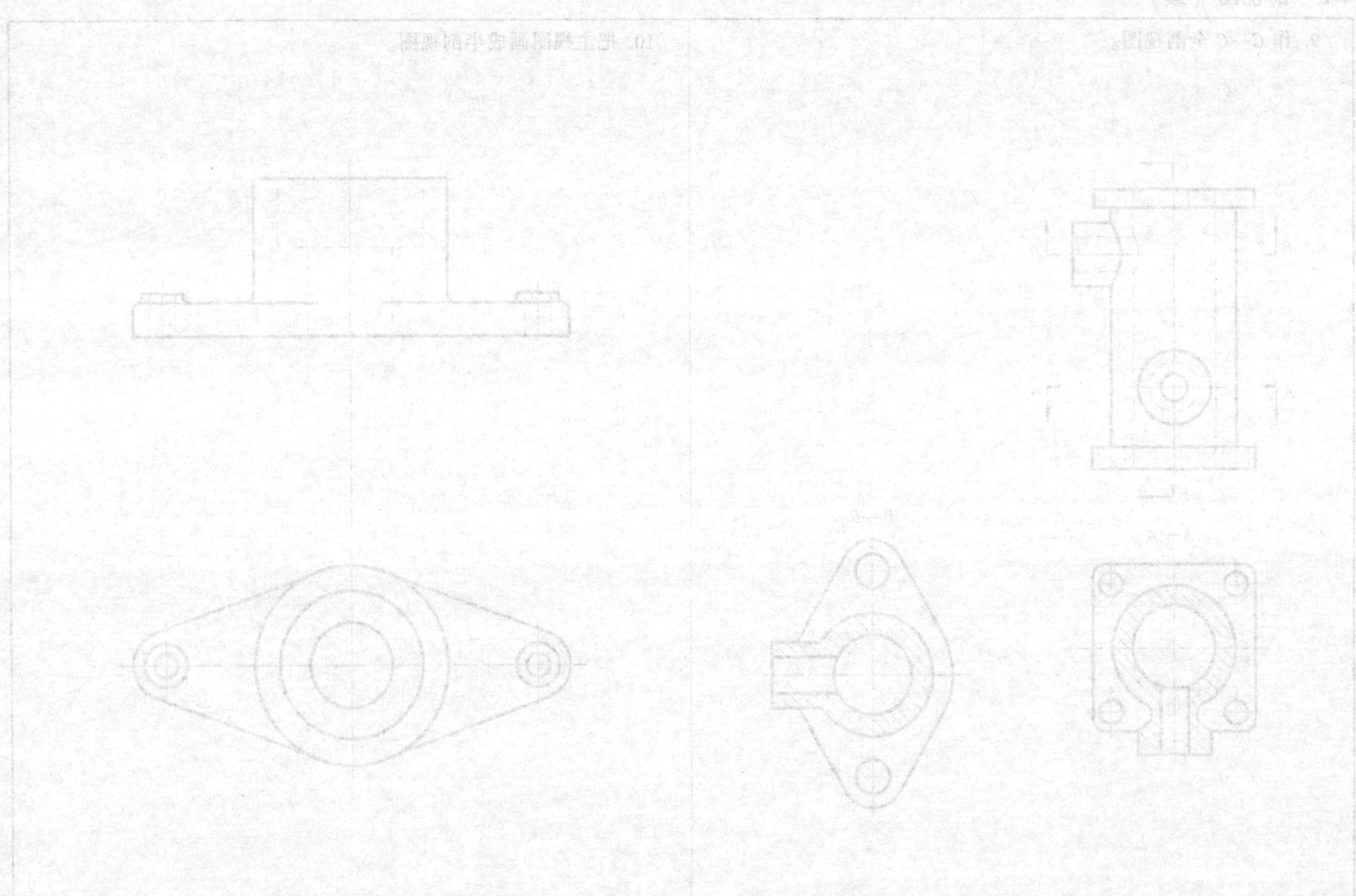

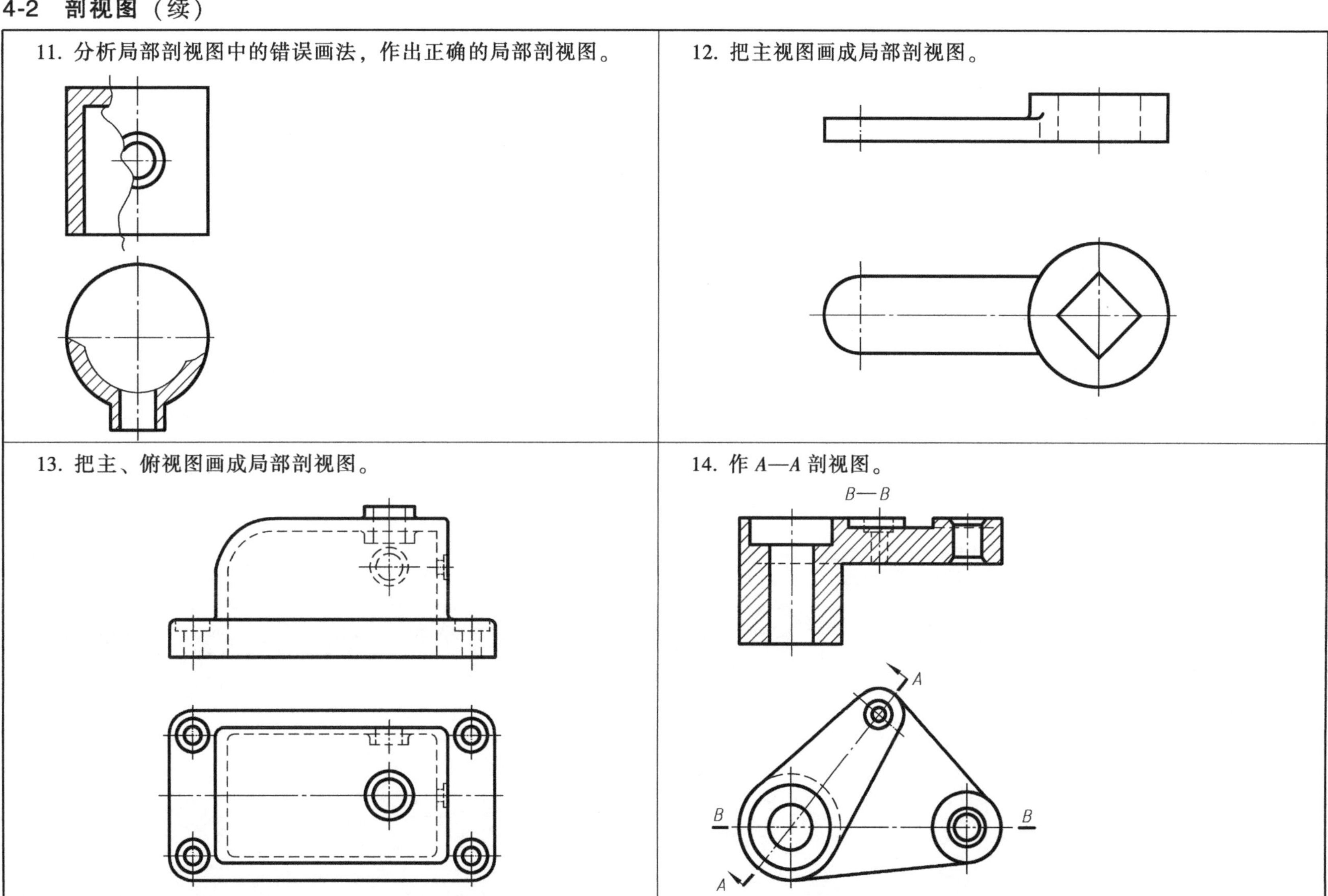
11. 分析局部剖视图中的错误画法，作出正确的局部剖视图。
12. 把主视图画成局部剖视图。
13. 把主、俯视图画成局部剖视图。
14. 作 A—A 剖视图。
B—B
A
A
B
B

15. 作 C—C 全剖视图。

16. 根据规定画法画全剖主视图。

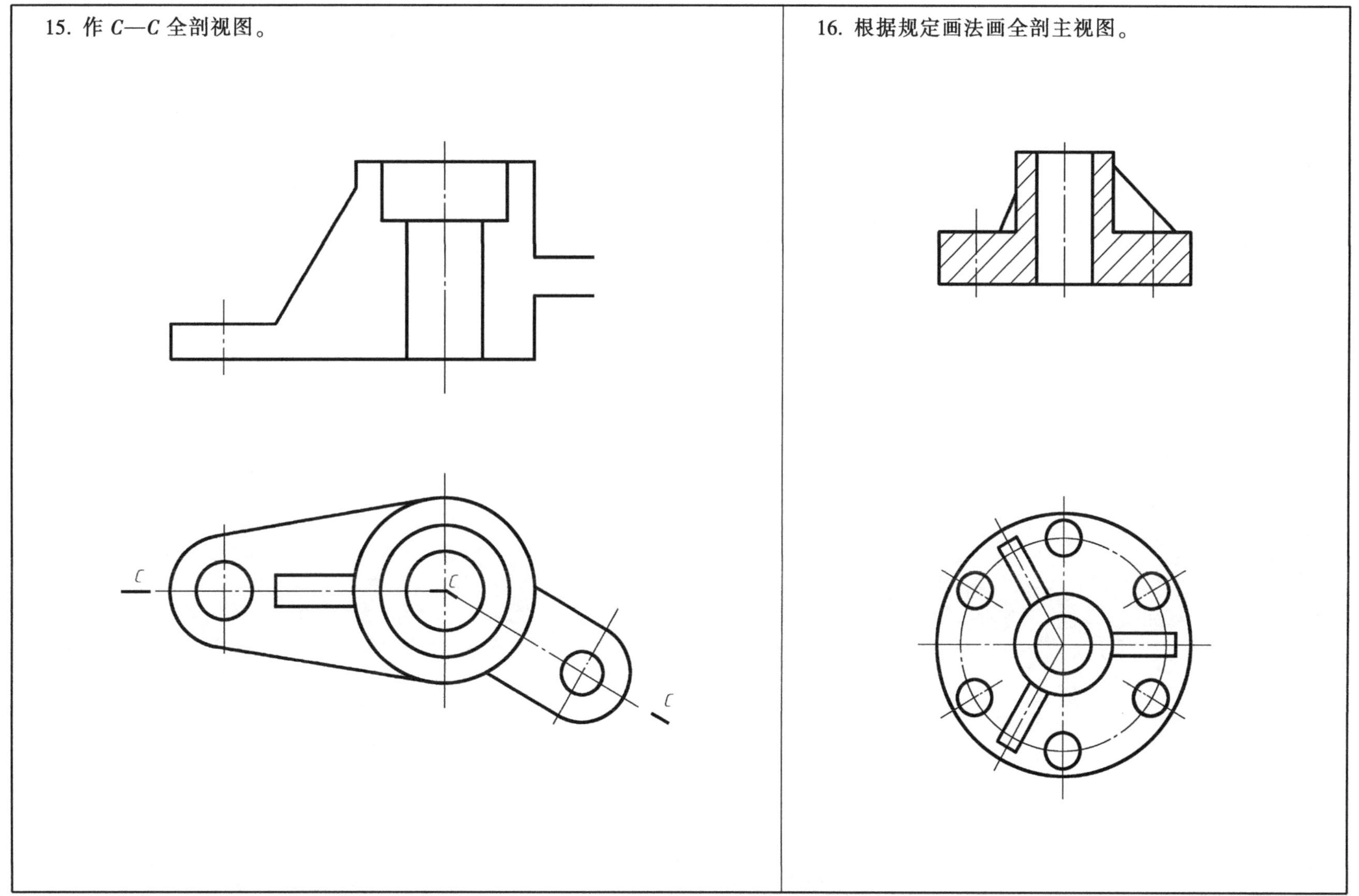

4-3 断面图

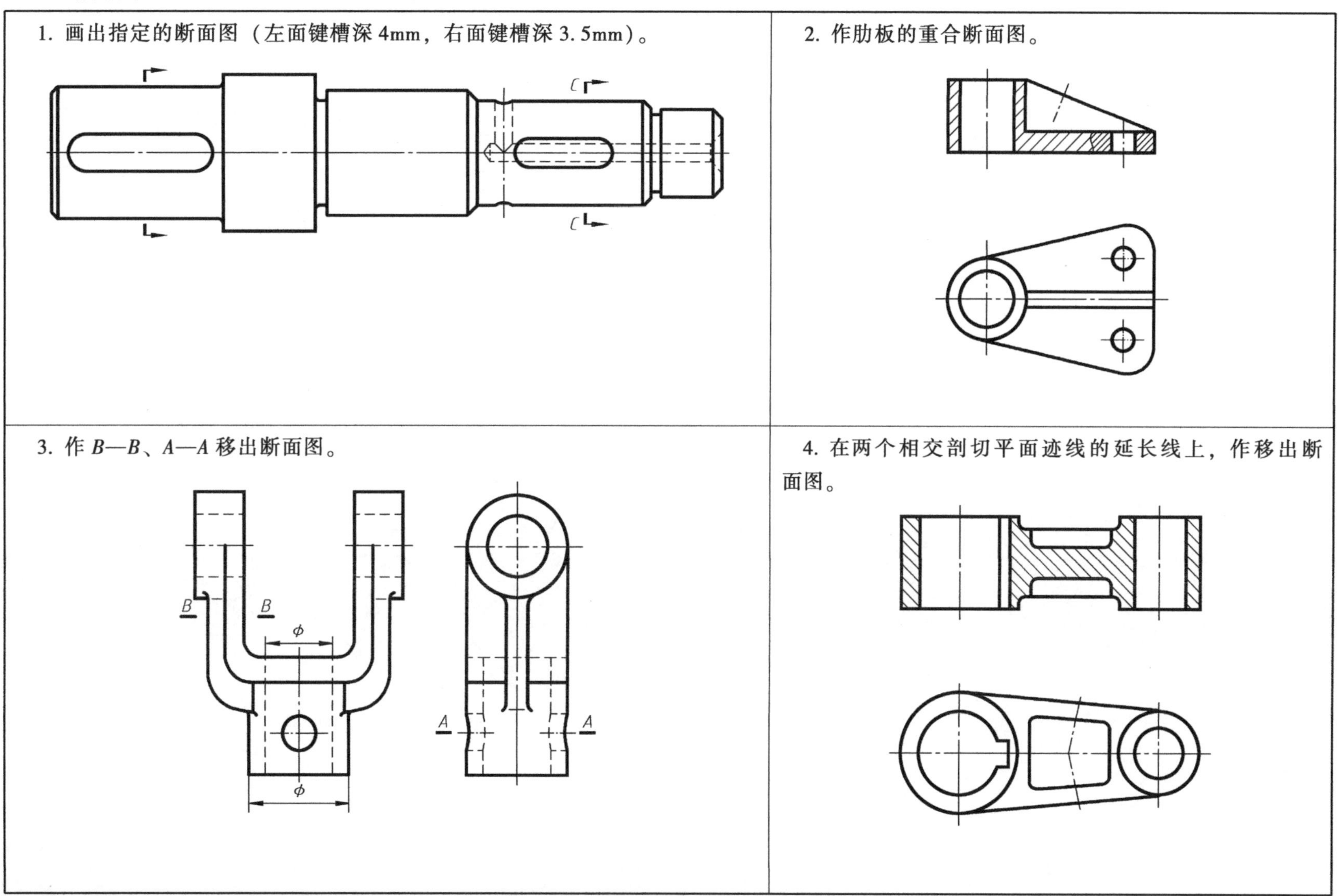
1. 画出指定的断面图（左面键槽深 4mm，右面键槽深 3.5mm）。
C
C
2. 作肋板的重合断面图。
3. 作 B—B、A—A 移出断面图。
B
B
ϕ
ϕ
A
A
4. 在两个相交剖切平面迹线的延长线上，作移出断面图。

1. 画出指定的断面图（左面键槽深4mm，右面键槽深3.5mm）。

2. 作肋板的重合断面图。

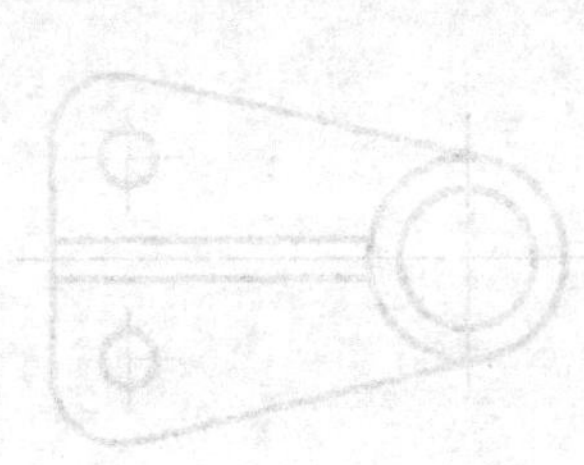

3. 作B—B、A—A移出断面图。

4. 在两个相交剖切平面迹线的延长线上，作移出断面图。

项目五 识读和绘制零件图

5-1 识读零件图

1. 读套筒零件图，回答下列问题：

（1）该零件主视图按______位置选择，主视图采用了______剖。

（2）用符号“△”标出长度方向的主要尺寸基准。

（3）说明几何公差 ◎|ϕ0.04|A 的含义：符号◎表示__________，数字 ϕ0.04 表示______，*A* 是______。

（4）ϕ95h6 的含义是什么？它是什么配合制？

（5）套筒左端两条虚线之间的距离是______。

（6）解释 $\frac{6\times M6-6H\downarrow 8}{孔\downarrow 10EQS}$ 的含义：________________________。

（7）在指定位置分别画出 *B* 向视图和移出断面图。

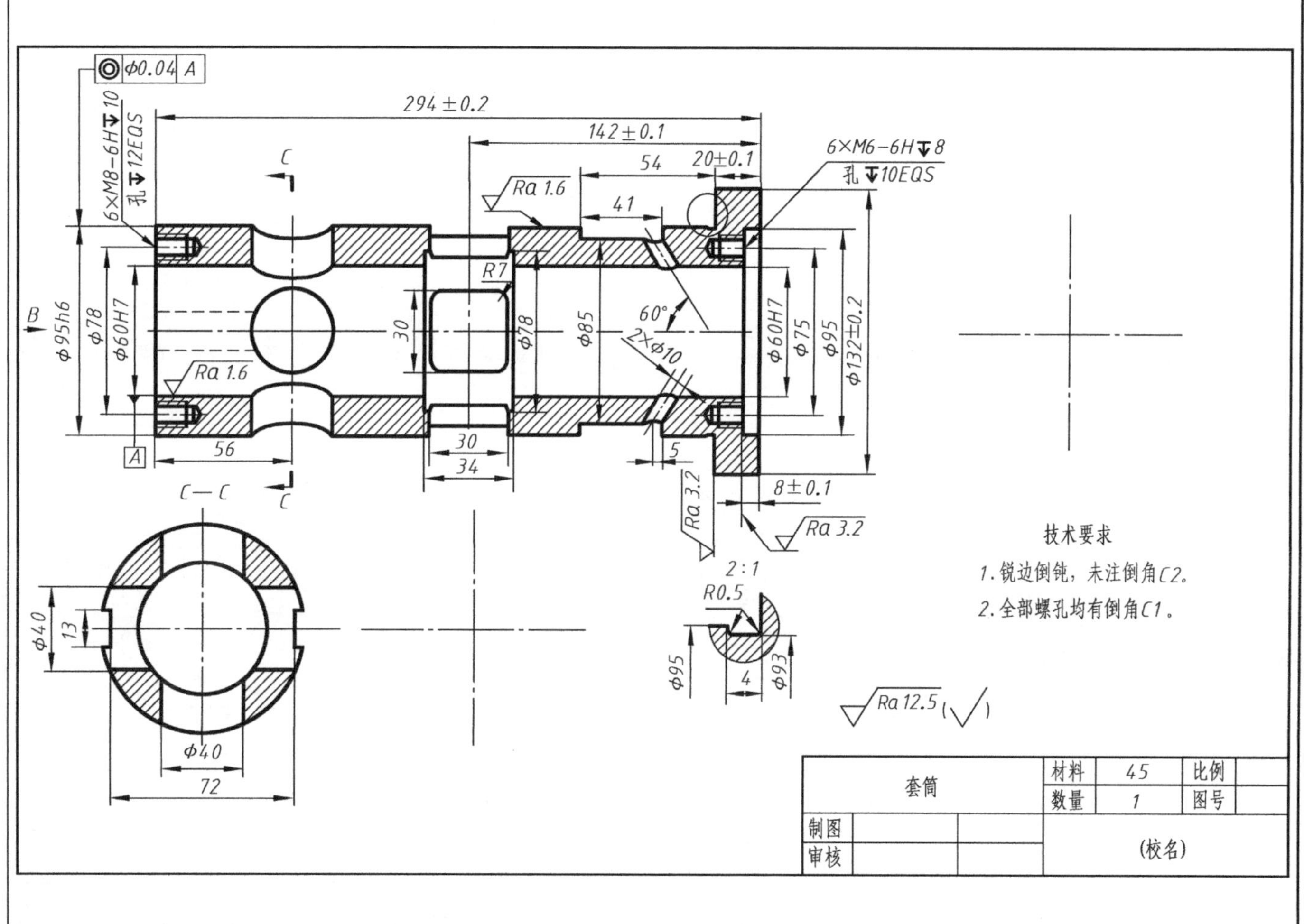

5-1 识读零件图（续）

2. 读轴承盖零件图，回答下列问题：

（1）该轴承盖用了______个视图表达，主视图选择符合______位置，主视图采用了________剖，左视图采用了______剖。

（2）将 ϕ70d9 写成有上、下极限偏差的注法为______。

（3）主视图的右端面有深 3mm 的凹槽，这样的结构是考虑______零件的加工面积而设计的。

（4）说明 $\frac{4\times\phi 9}{\sqcup\ \phi 20}$ 的含义：4 个______的孔是按与螺纹规格______的螺栓相配的________的通孔直径而定的，⌴ ϕ20 的深度只要能______________为止。

（5）在适当位置画出 *B—B* 全剖视图。

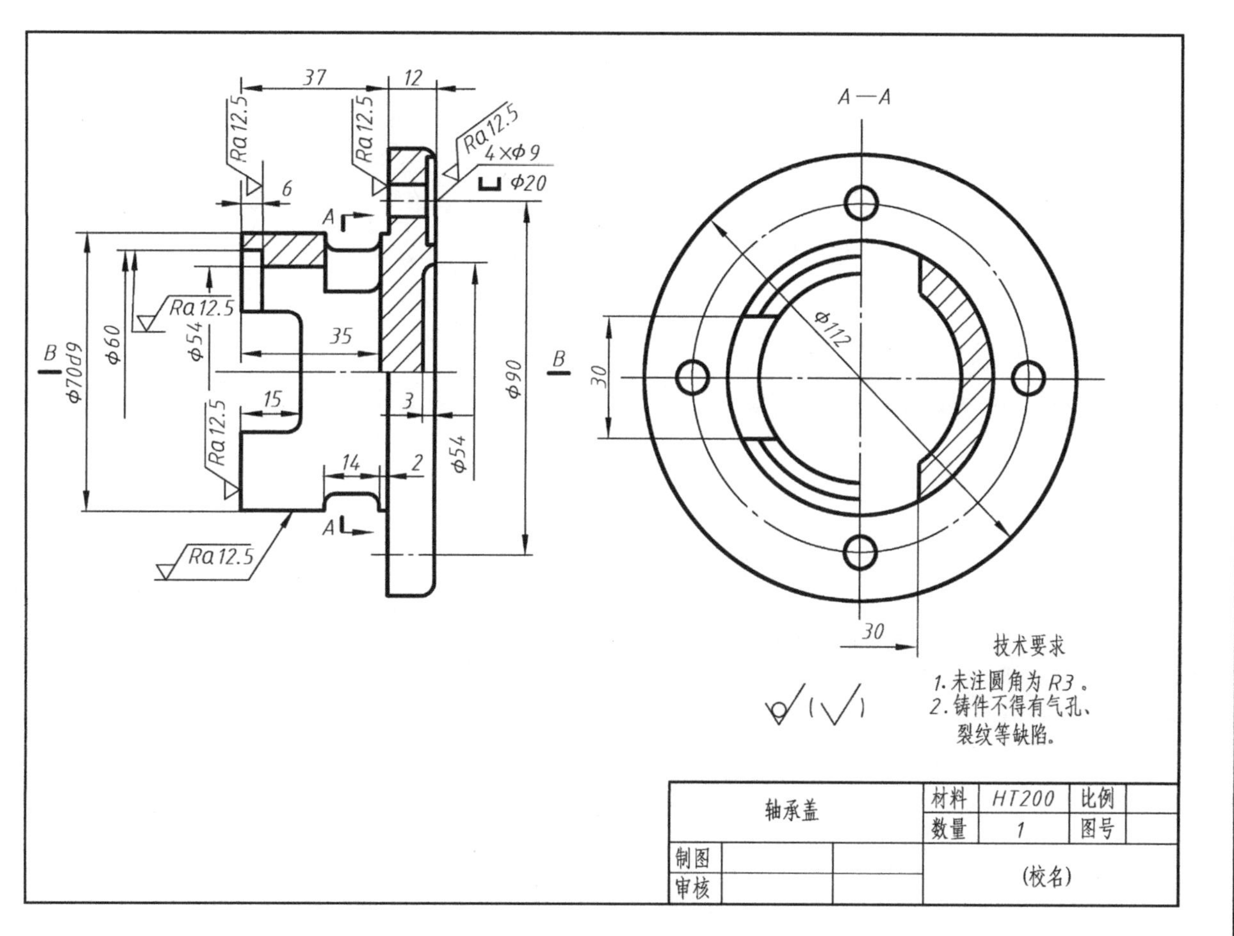

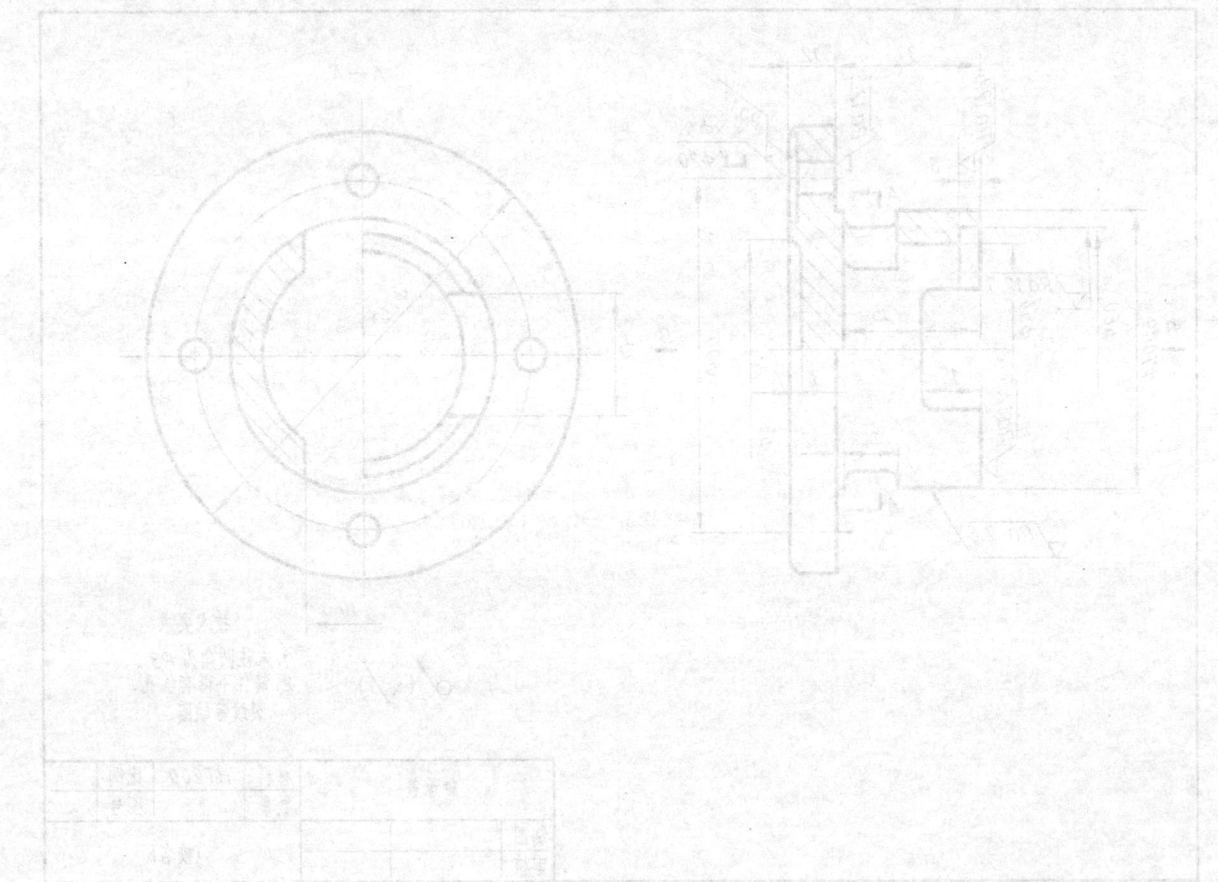

3. 读支架零件图，回答下列问题：

（1）该支架用了______个图形表达，分别是______________。主视图按______位置选择，采用了______剖。

（2）面Ⅰ的表面粗糙度为______。

（3）$\phi27^{+0.021}_{0}$mm是______孔的尺寸，它的基本偏差代号是______。

（4）在图上几何公差要求有______处，标记是______，含义是______________。

（5）连接板70mm×80mm的左端面做成凹槽是为了__________。

（6）该支架零件有______个螺纹孔，标记分别是______________________________。

（7）指出长、宽、高三个方向的主要尺寸基准，并用符号“△”在图中标出。

（8）在适当位置画出A—A剖视图。

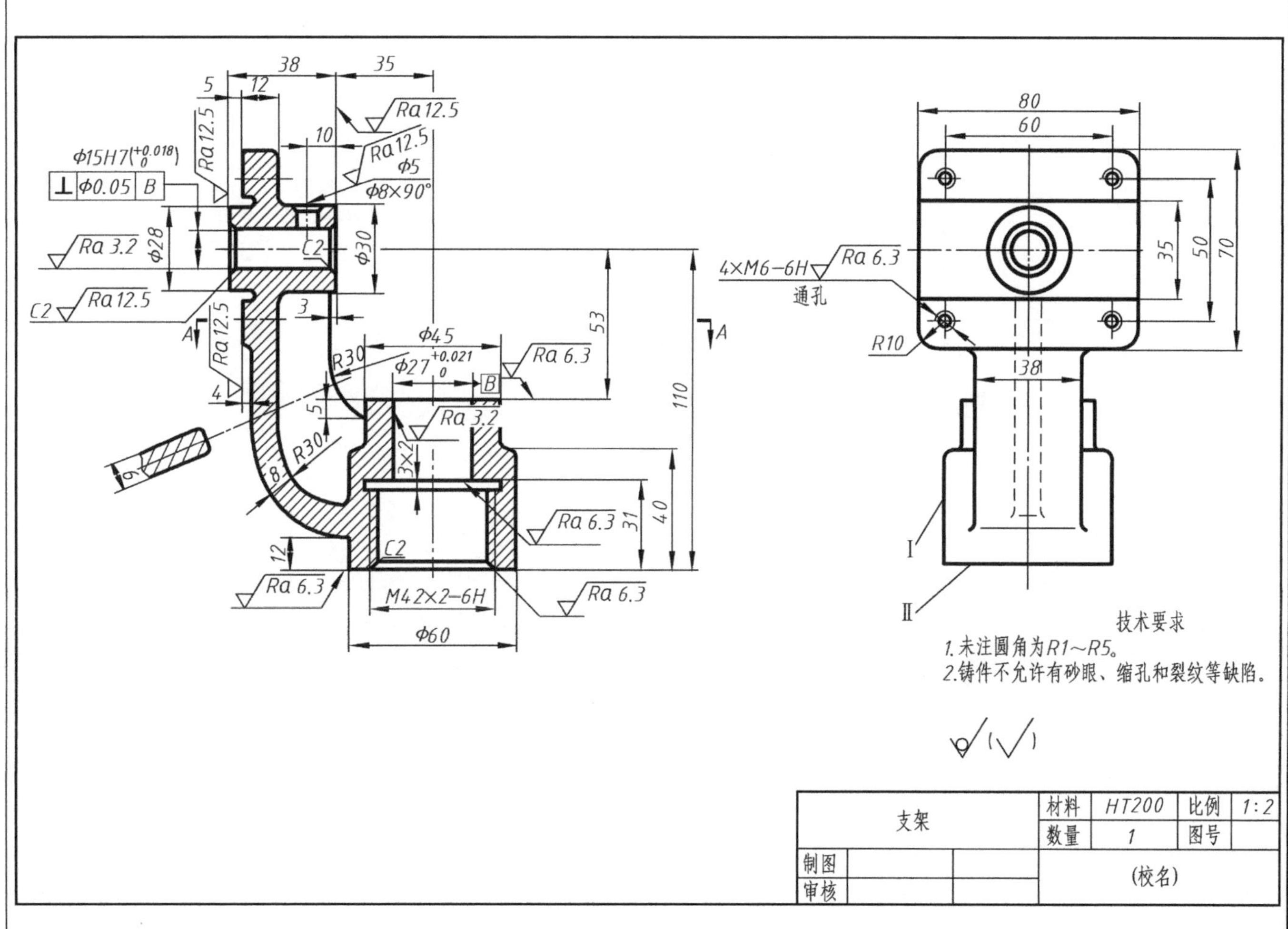

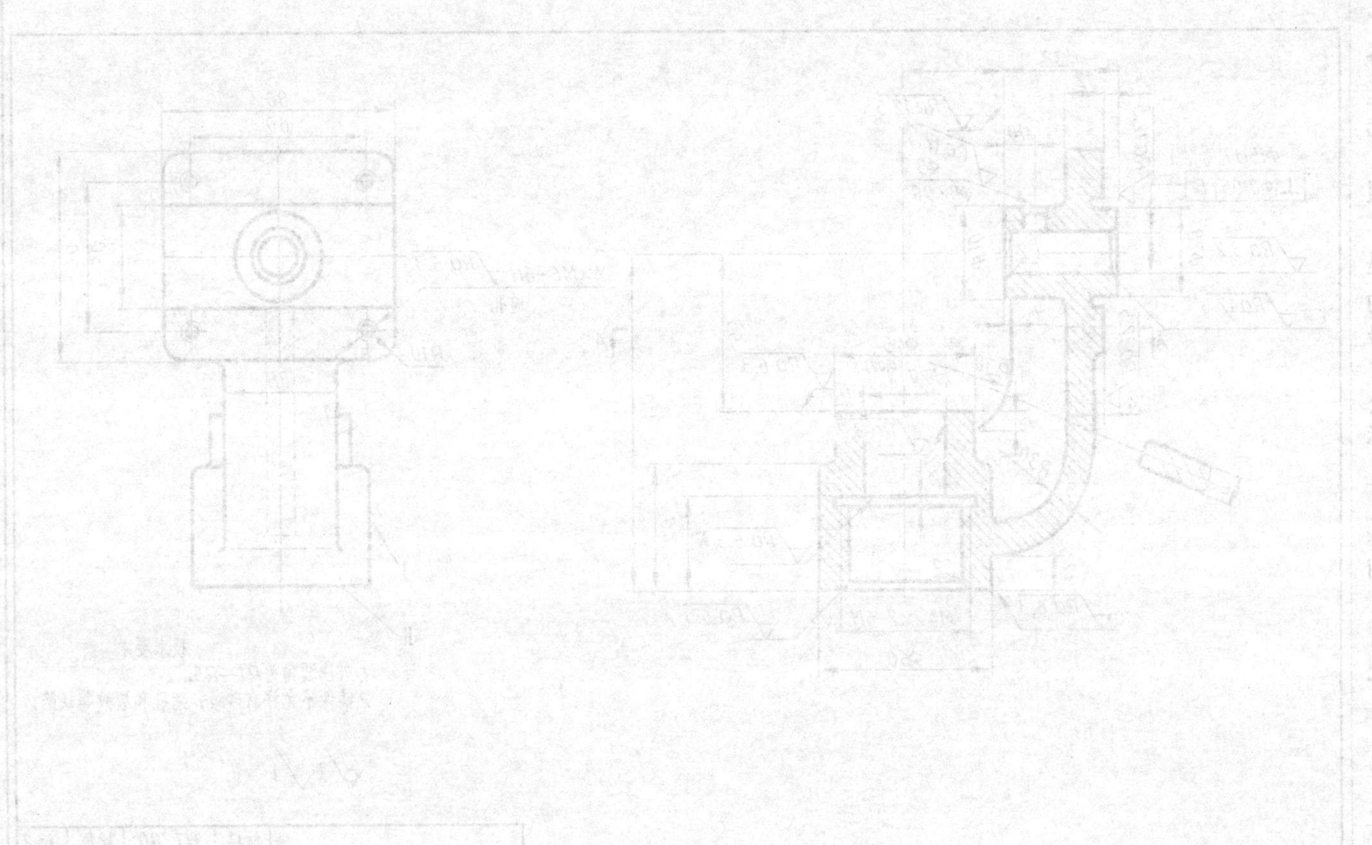

5-1 识读零件图（续）

4. 读底座零件图，回答下面问题：

（1）该底座用了______个图形表达，分别是____。主视图按__________位置选择，主视图采用了______剖，俯视图采用了______剖，C—C 为______剖视图。

（2）用符号“△”标出长、宽、高三个方向的主要尺寸基准。

（3）4×ϕ11mm 孔的定位尺寸是________________________。

（4）该零件表面粗糙度有______种要求，它们分别是________________________。

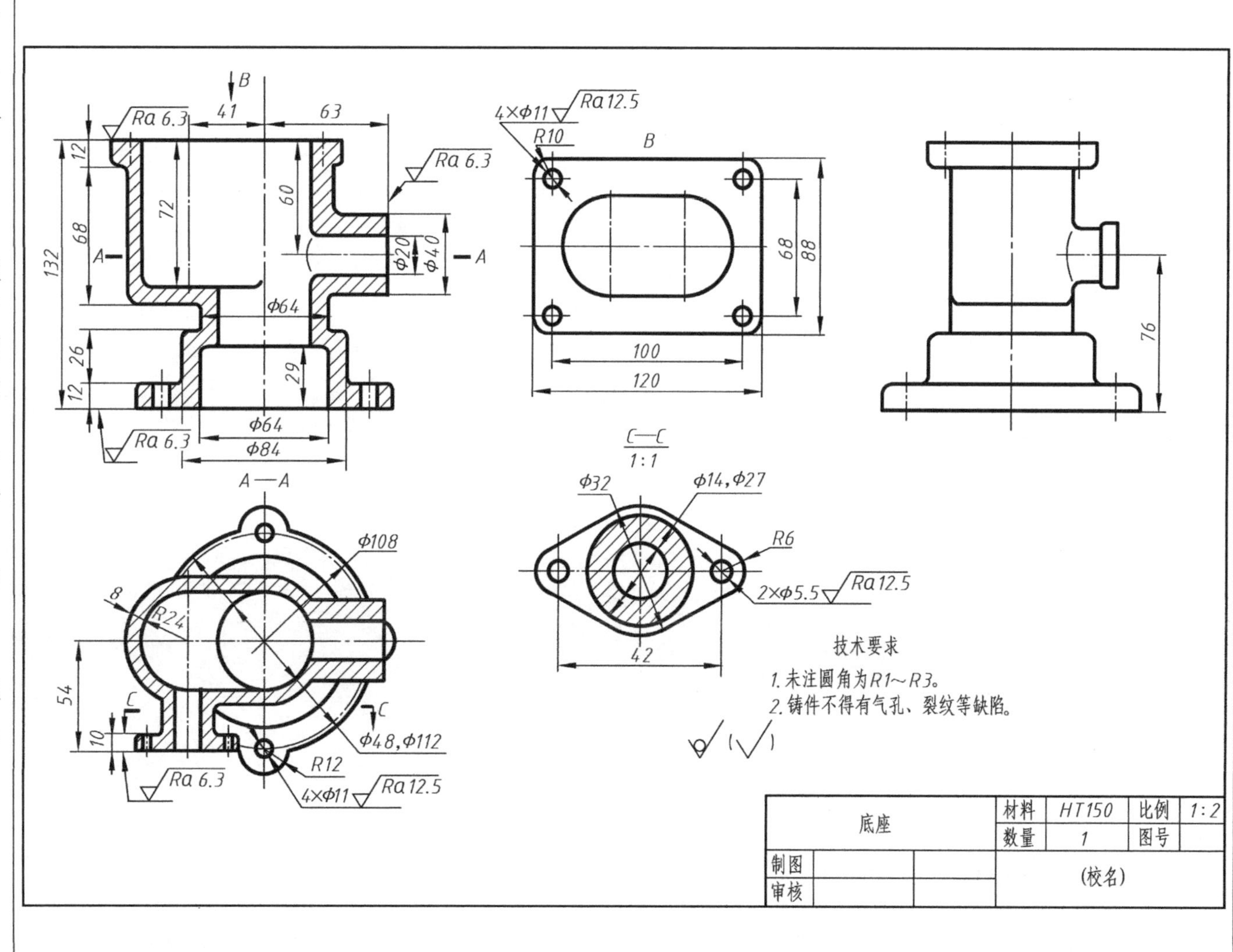

1. 根据给定的 *Ra* 值，用代号注写在图中。

表面	*A*、*B*	*C*	*D*	*E*、*F*、*G*	其余
Ra/μm	12.5	3.2	6.3	25	毛坯面

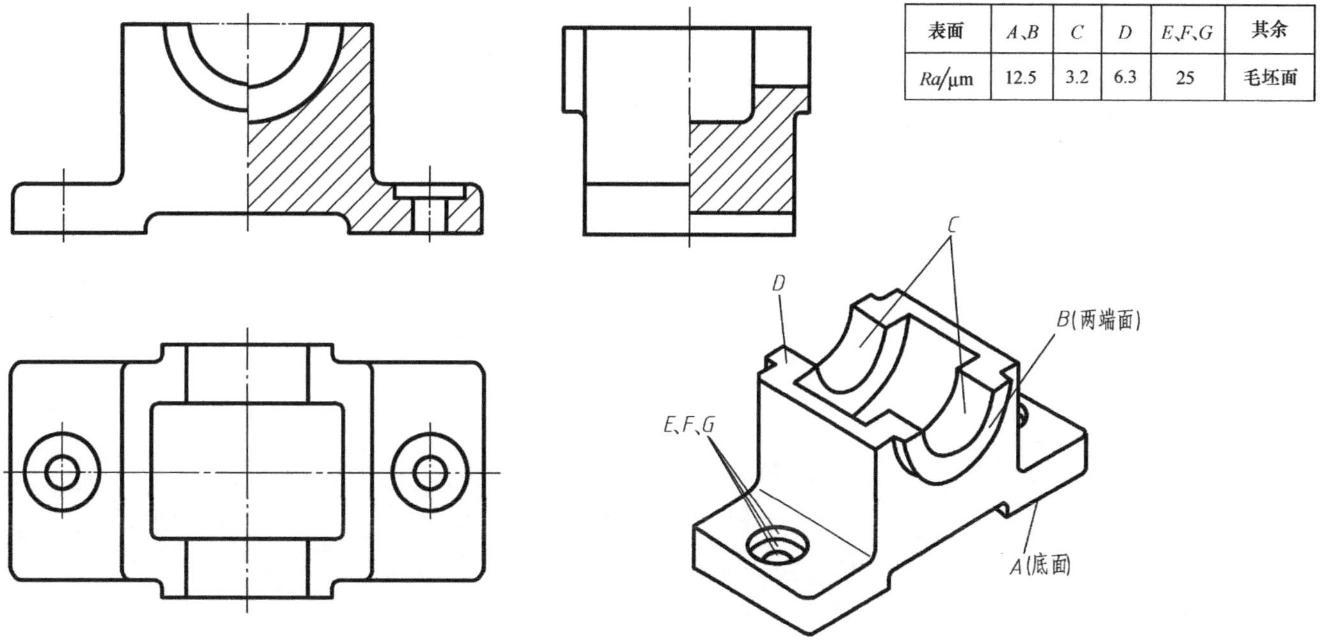

C
D
B(两端面)
E、F、G
A(底面)

2. 标注轴和孔的公称尺寸及上、下极限偏差值，并填空。

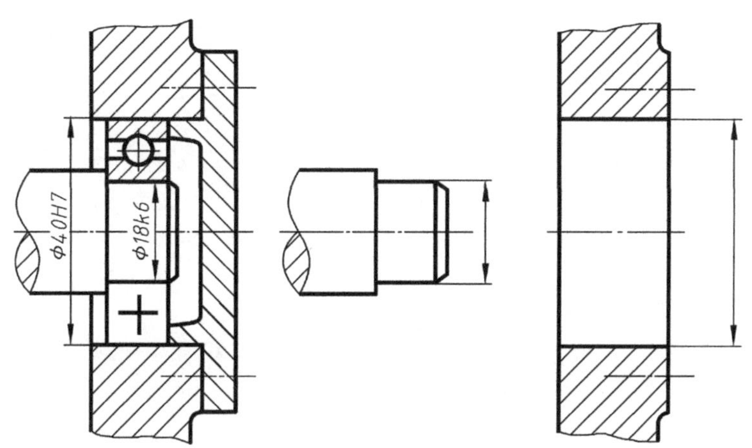

滚动轴承与座孔的配合为________制，座孔的基本偏差代号为________，公差等级为________。

滚动轴承与轴的配合为________制，轴的基本偏差代号为________，公差等级为________。

3. 用文字解释图中的几何公差（按编号1、2、3填写）。

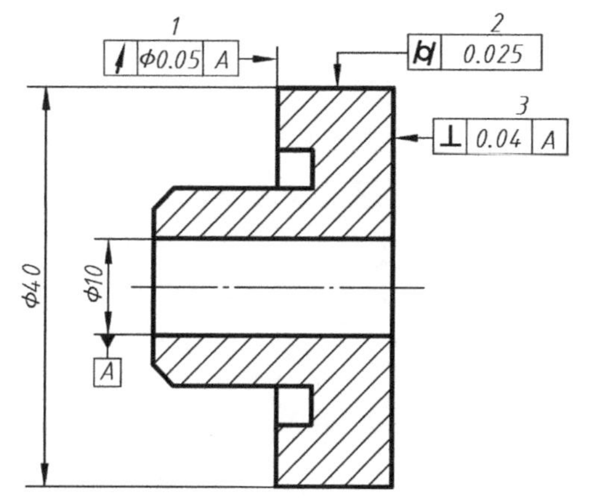

项目六　识读和绘制标准件及常用件图

6-1　按规定的画法绘制螺纹的主、左视图（主视图轴线水平）

1. 外螺纹：大径 M20、螺纹长为 30mm、螺杆长画 40mm 后断开，螺纹倒角 $C2$。	2. 内螺纹：大径 M20、螺纹长为 30mm、孔深为 40mm 的不通孔。
3. 将题 1 的外螺纹旋入题 2 的螺纹孔，旋合长度为 20mm，作旋合后的主视图。	4. 分析下列错误画法，并将正确的图形画在下边的空白处。

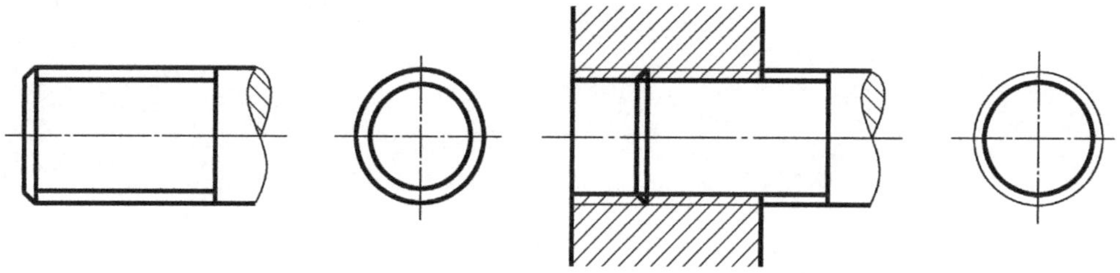

6-2 根据下列给定的螺纹要素，标注螺纹的标记

1. 粗牙普通螺纹，公称直径为 24mm，螺距为 3mm，单线，右旋，螺纹公差带：中径、小径均为 6H，短旋合长度。	2. 细牙普通螺纹，公称直径为 30mm，螺距为 2mm，单线，右旋，螺纹公差带：中径为 5g，大径为 6g，中等旋合长度。
3. 55°非密封管螺纹，尺寸代号为 3/4，公差等级为 A 级，右旋。	4. 梯形螺纹，公称直径为 30mm，螺距为 6mm，双线，左旋，中径公差带为 7e，中等旋合长度。

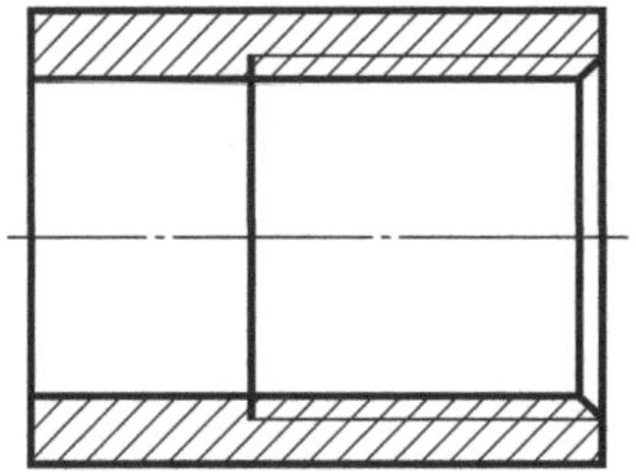

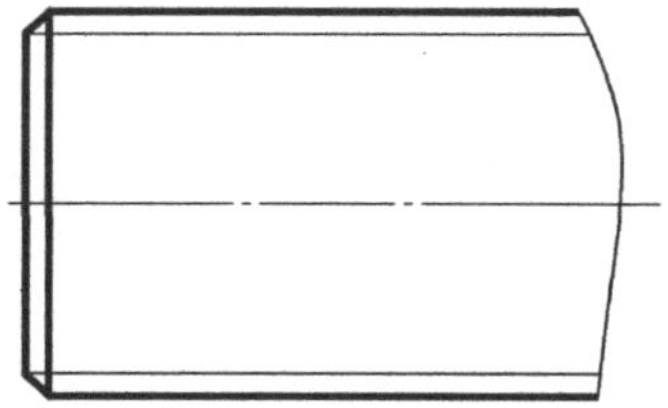

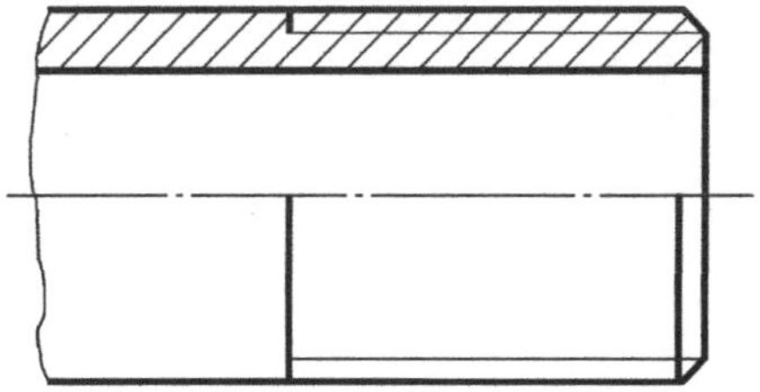

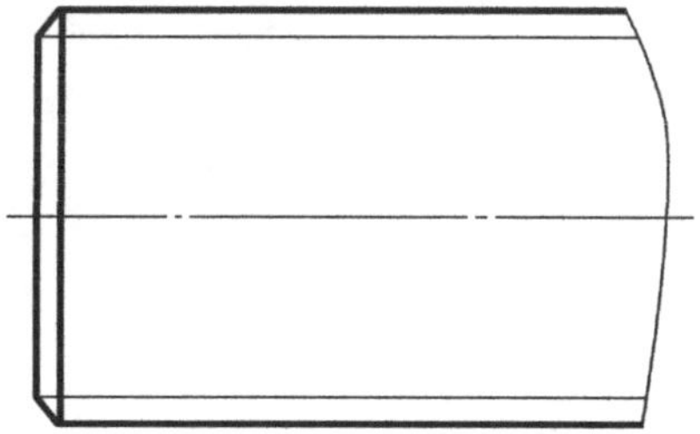

6-3 根据图中标注的螺纹标记，说明螺纹的各要素

1. 该螺纹为________；公称直径为________；螺距为________；线数为________；旋向为________；螺纹公差代号为________。

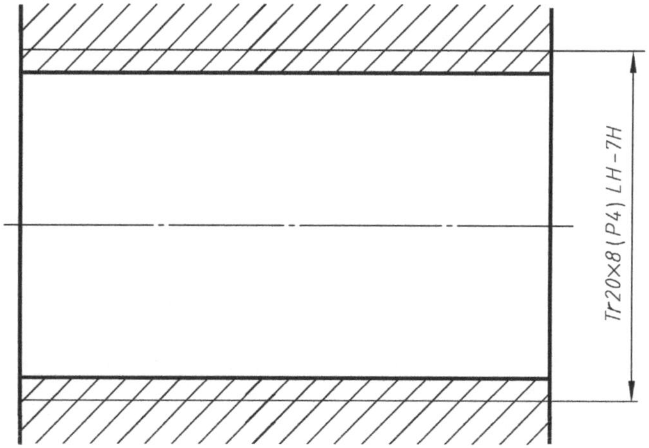

Tr20×8(P4)LH-7H

2. 该螺纹为________；尺寸代号为________；大径为________；小径为________；螺距为________。

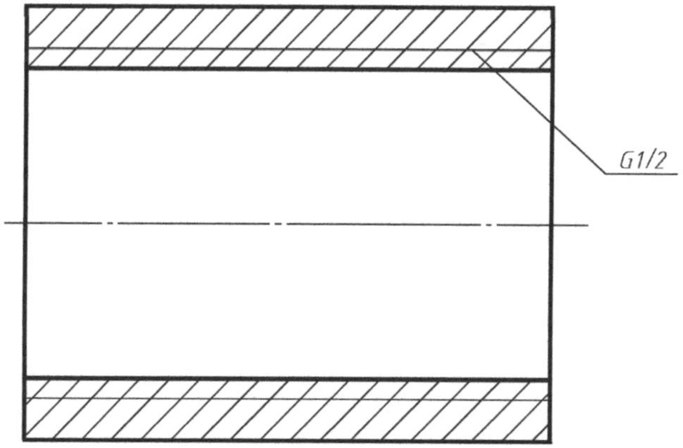

G1/2

6-4 螺纹紧固件的连接画法

1. 用螺栓 GB/T 5780 M16、螺母 GB/T 41 M16、垫圈 GB/T 97.1 16，连接厚度分别为 32mm 和 28mm 的两个零件。确定螺栓杆长，用近似画法作出连接后的主、俯视图（比例为 1：1）。

2. 用螺柱 GB/T 898 M16、螺母 GB/T 41 M16、垫圈 GB/T 93 16，连接厚度为 18mm 和另一较厚零件（材料为钢）。确定螺柱长度，用近似画法作出连接后的主、俯视图（比例为 1：1）。

6-5　直齿圆柱齿轮的规定画法

1. 已知直齿圆柱齿轮的模数 $m=5\text{mm}$，齿数 $z=40$，试计算齿轮的分度圆、齿顶圆和齿根圆的直径。用 1∶2 的比例完成下列两视图，并补全图中所缺的尺寸（除需要计算的尺寸外，其他尺寸从图上按 1∶2 的比例量取，并取整数。各倒角皆为 $C1.5$）。

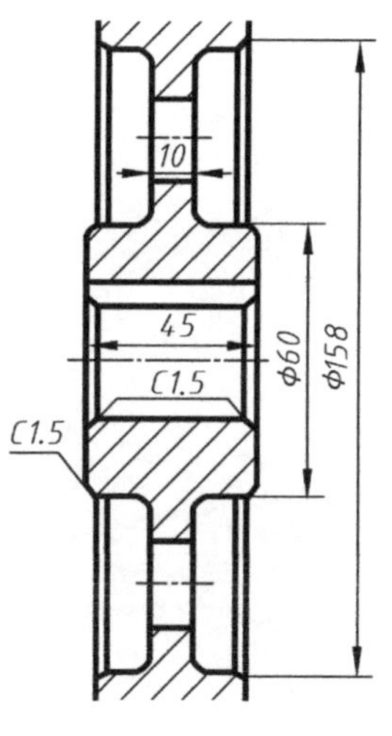

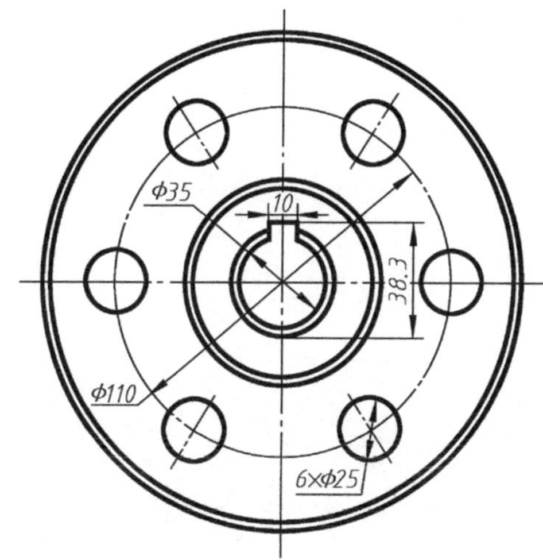

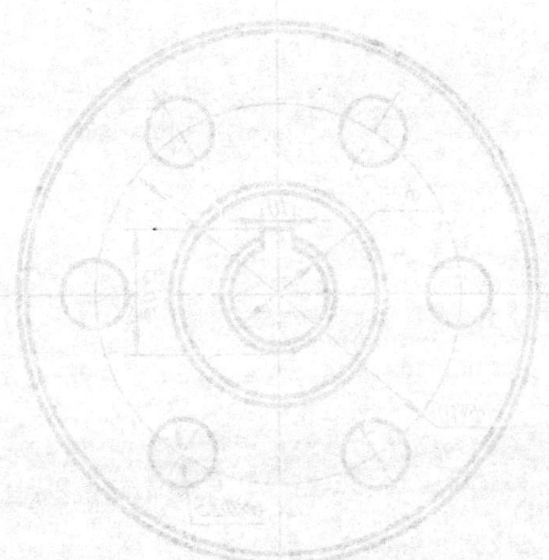

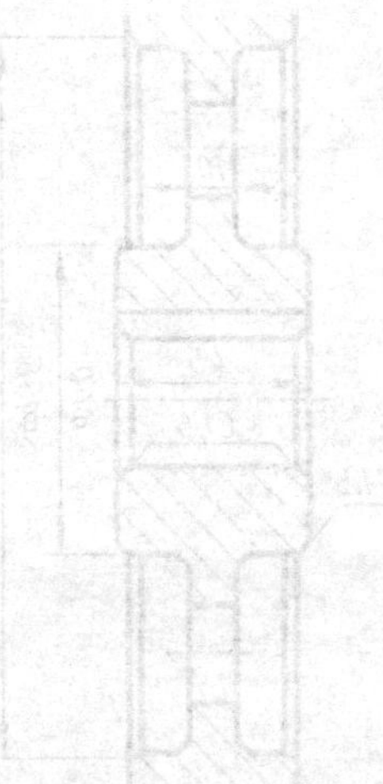

6-5 直齿圆柱齿轮的规定画法（续）

2. 补全齿轮啮合的主视图和左视图。

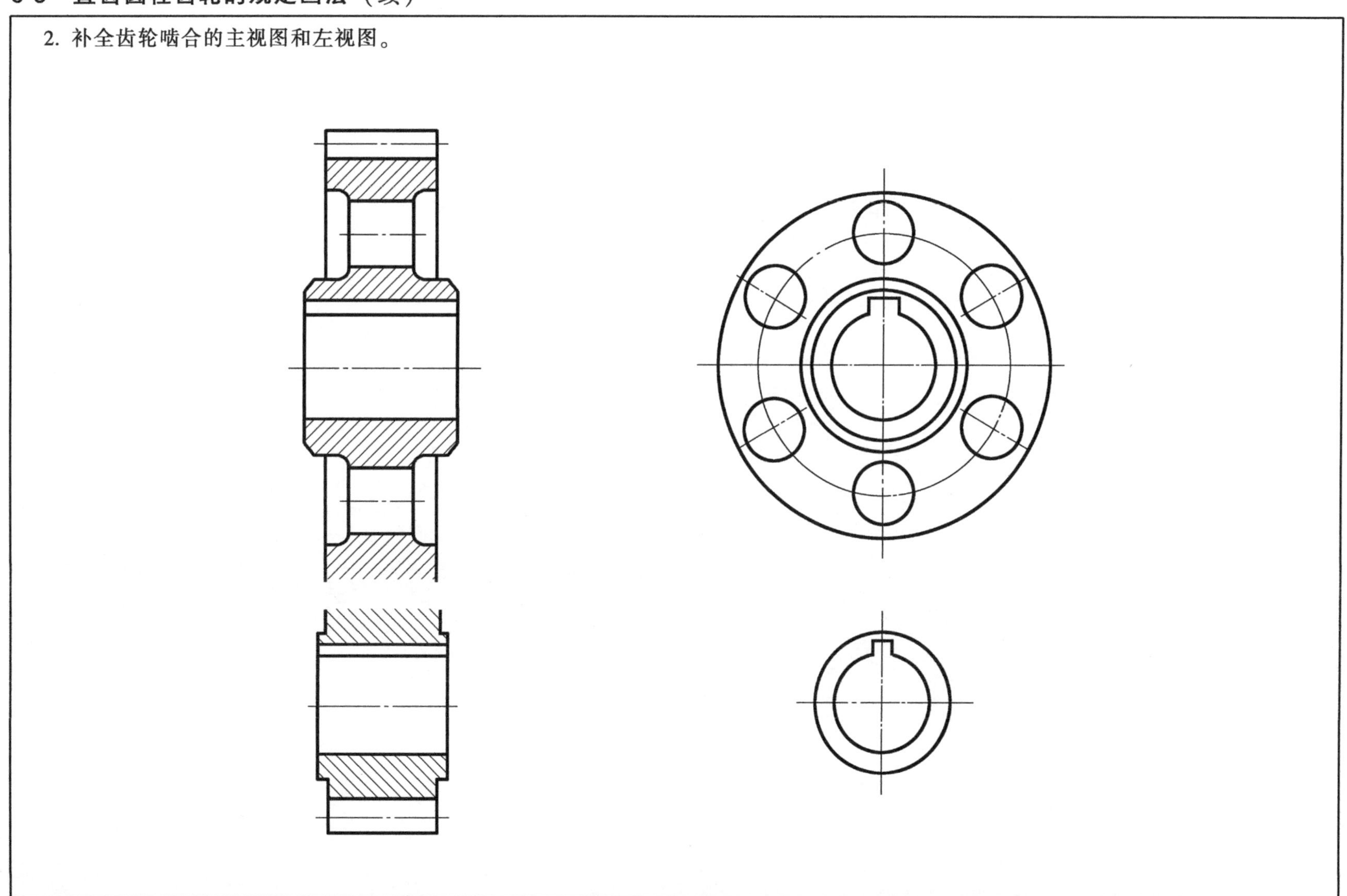

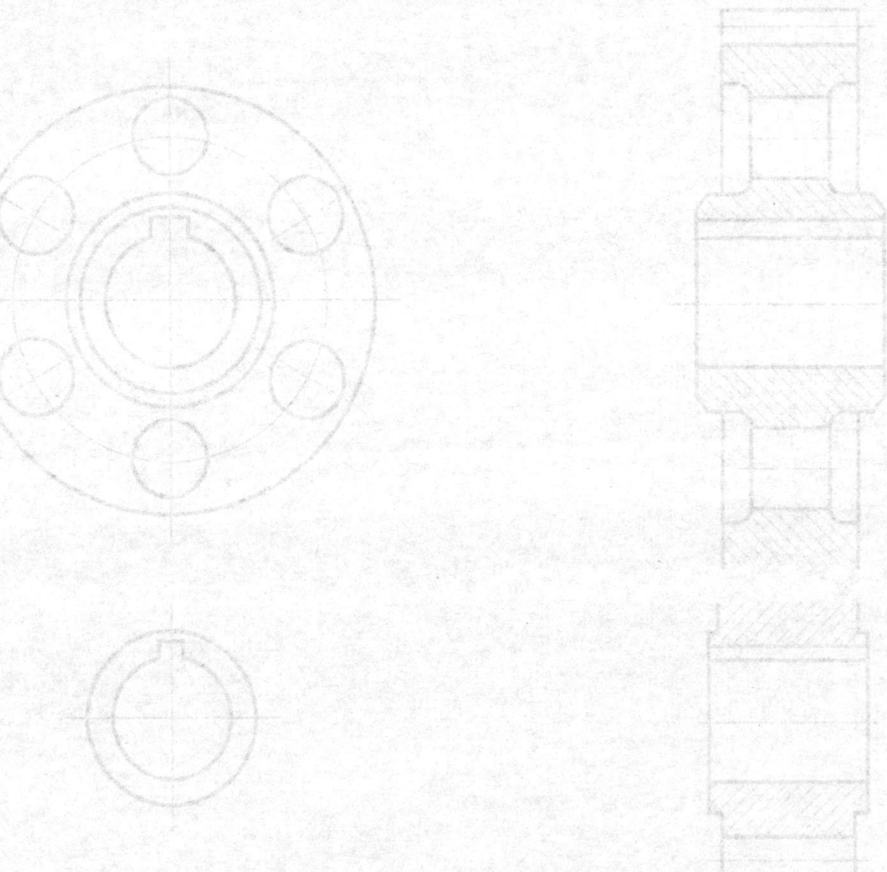

6-6 键、滚动轴承和圆柱螺旋压缩弹簧的画法

1. 已知轴和齿轮，用 A 型圆头普通平键连接。轴、孔直径为 40mm，写出键的规定标记；画出连接后的图形。

键的规定标记________________

（1）轴

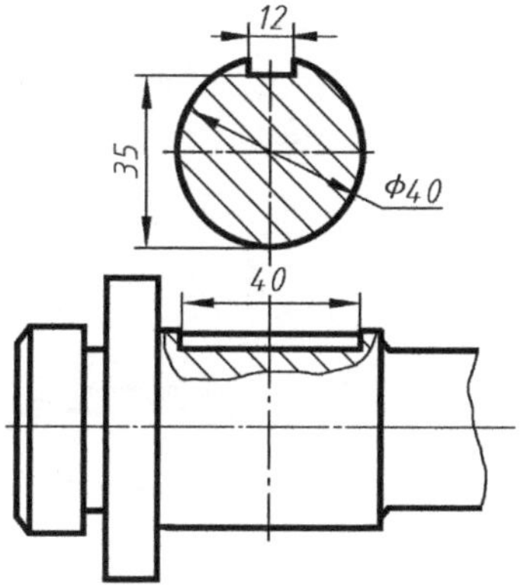

12

35

Φ40

40

（2）齿轮

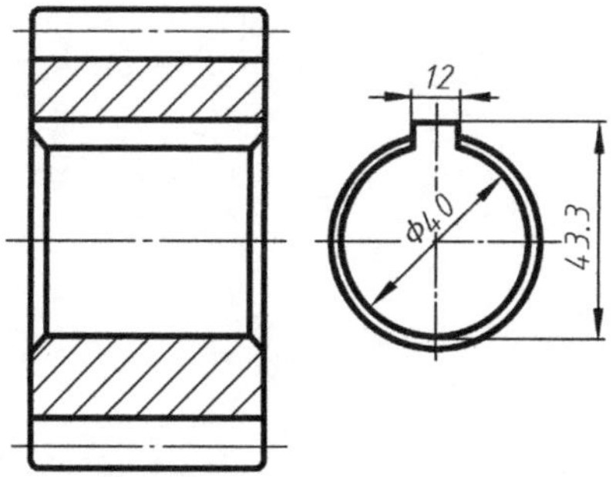

12

Φ40

43.3

连接画法：

6-6 键、滚动轴承和圆柱螺旋压缩弹簧的画法（续）

2. 已知阶梯轴两端支承轴肩处的直径分别为 25mm 和 15mm，按 1 : 1 的比例以特征画法画全支承处的深沟球轴承。

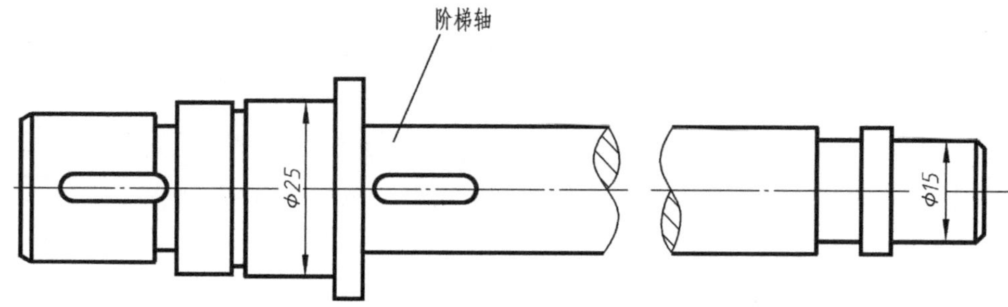

3. 已知 YA 型圆柱螺旋压缩弹簧的材料直径 $d=6$mm，弹簧中径 $D=45$mm，自由高度 $H_0=105$mm，有效圈数 $n=6.5$，支承圈数 $n_2=2$，右旋。按 1 : 1 的比例画出弹簧的全剖主视图（轴线水平放置）。

项目七　识读和绘制装配图

7-1　识读机用虎钳装配图，回答问题并拆画零件图

1. 机用虎钳的工作原理

机用虎钳固定在机床工作台上，以钳口夹持工件进行加工。它主要由固定钳身2、活动钳身4、钳口板3、螺杆7和螺母5等组成。用扳手转动螺杆7，其带动螺母5做直线运动，从而带动活动钳身4，以使两钳口板靠近或远离，达到夹紧或松开工件的目的。

2. 识读机用虎钳装配图，回答下面问题

（1）机用虎钳装配图用了__________个图形表达，分别是____________。主视图采用________剖视，俯视图采用________剖视，左视图采用________剖视，局部放大图是为了表达__________________________，件3　*K*向视图是为了表达____________________。

（2）机用虎钳由________种零件组成，其中标准件有________种。

（3）件7螺杆的螺纹牙型是________，大径为________mm。左右两端轴颈部与固定钳身孔的配合是__________________________，为什么选用这类配合？

（4）件5螺母的材料是________。

（5）活动钳身4与螺母5通过________连为一体。活动钳身移动的导轨面是固定钳身的________面和________面。

（6）特制螺钉6上的两小孔起什么作用？

（7）选择合适的剖视画出件7的主视图。根据装配图的实际大小按1∶1的比例画图，不标尺寸。

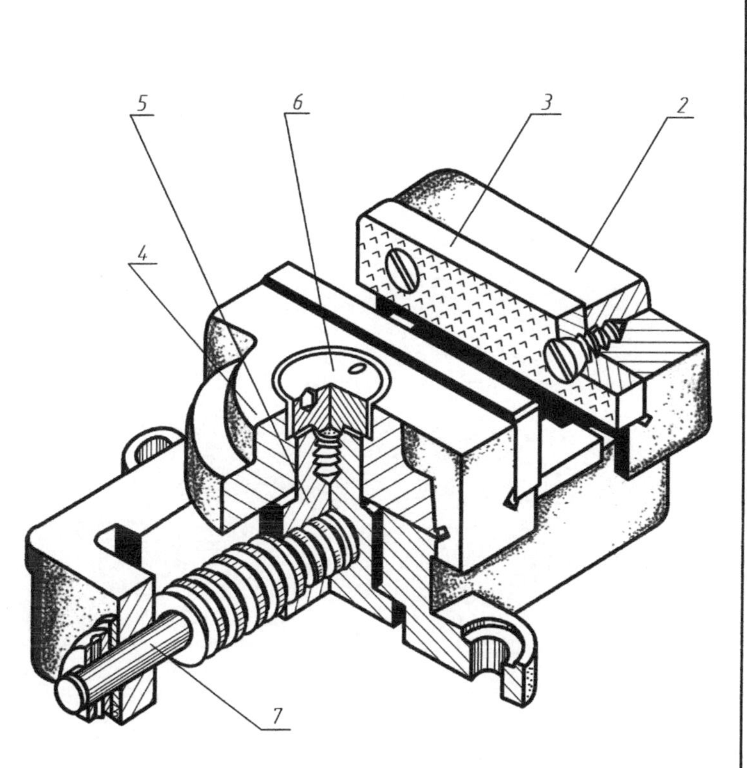

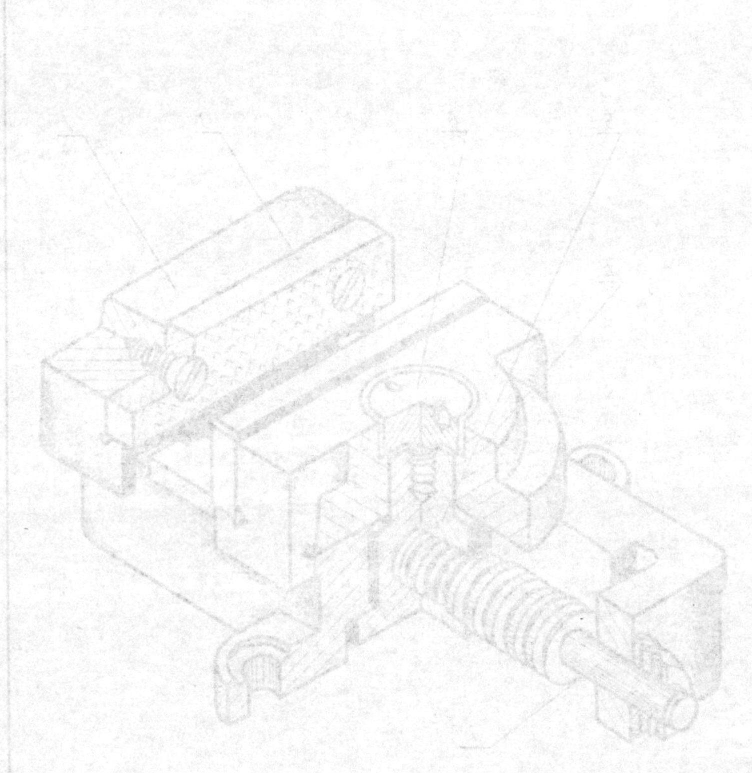

7-1　识读机用虎钳装配图，回答问题并拆画零件图（续）

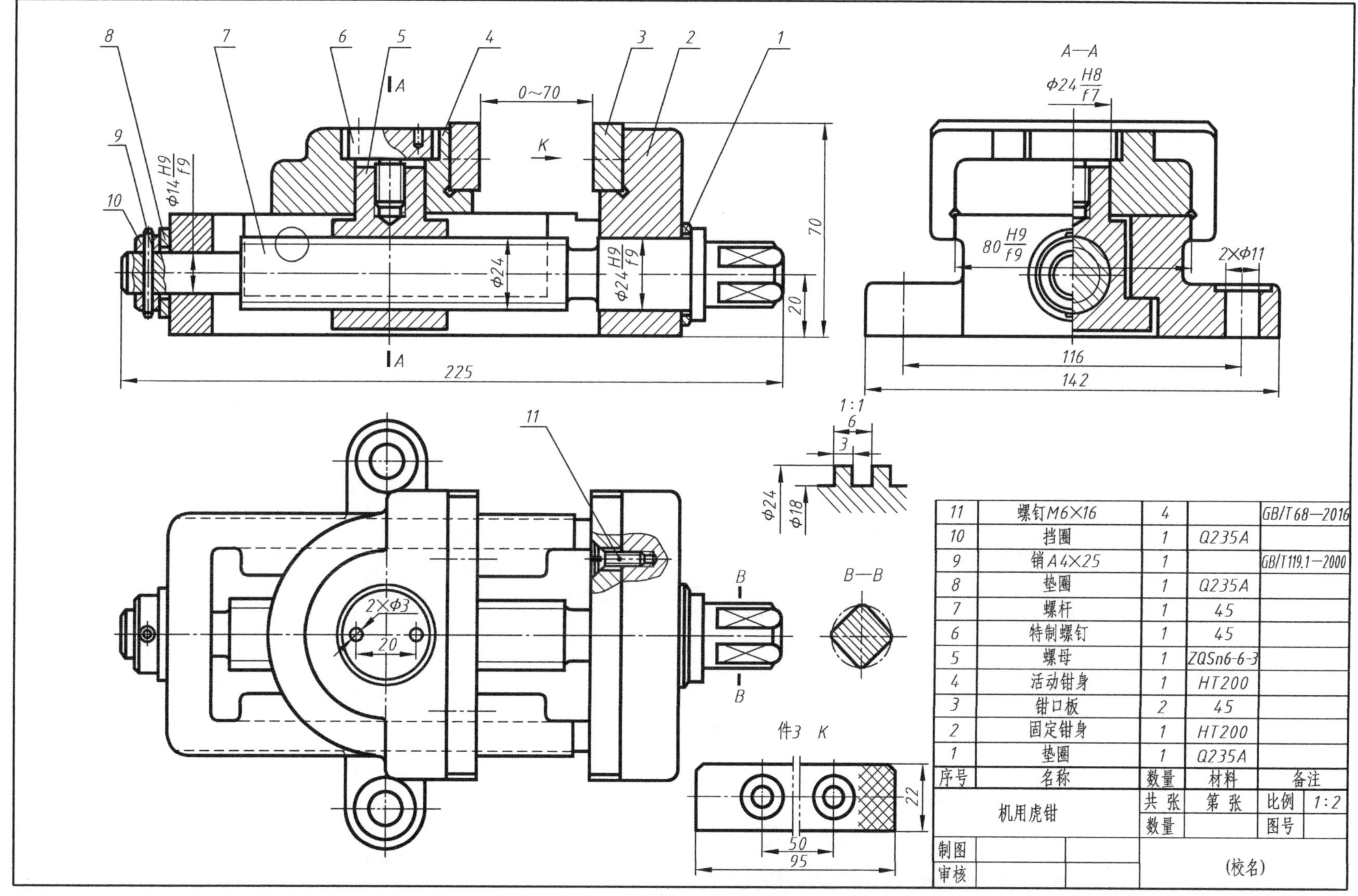

序号	名称	数量	材料	备注
11	螺钉M6×16	4		GB/T 68—2016
10	挡圈	1	Q235A	
9	销A4×25	1		GB/T 119.1—2000
8	垫圈	1	Q235A	
7	螺杆	1	45	
6	特制螺钉	1	45	
5	螺母	1	ZQSn6-6-3	
4	活动钳身	1	HT200	
3	钳口板	2	45	
2	固定钳身	1	HT200	
1	垫圈	1	Q235A	

机用虎钳	共　张	第　张	比例	1:2
	数量		图号	
制图		(校名)		
审核				

7-1　识读机用虎钳装配图，回答问题并拆画零件图（续）

7-2 识读柱塞泵装配图，回答问题并拆画零件图

1. 柱塞泵的工作原理

柱塞泵是用于机床供油系统的供油装置，当滚轮上面的凸轮（未画出）旋转时，由于升程的改变，使得柱塞上下往复移动，引起泵腔容积变化，压力也随之改变，油被不断吸进、排出，起到供油作用。

2. 阅读柱塞泵装配图，回答下面问题

（1）柱塞泵装配图用了____个视图表达。主视图采用全剖视图，主要表达______________和______________；俯视图用于表达外形，俯视图中局部剖视的目的是表达______________________________。

（2）ϕ7H9/h8 是件________与件________组成的________制________配合。ϕ7F9/h8 是件________与件________组成的________制________配合。

（3）柱塞泵的性能规格尺寸为______________；装配尺寸为________；定位尺寸为________；安装尺寸为________。

（4）件 7、件 9 分别用______________材料制成，它们起________作用。

（5）单向阀体通过________与泵体连接；螺塞通过________与单向阀体连接。

（6）柱塞泵用了________个弹簧；其作用分别为______________

____。

（7）在合适位置画出件 1 泵体的主视图外形图。根据装配图的实际大小按 1∶1 的比例画图，不标尺寸。

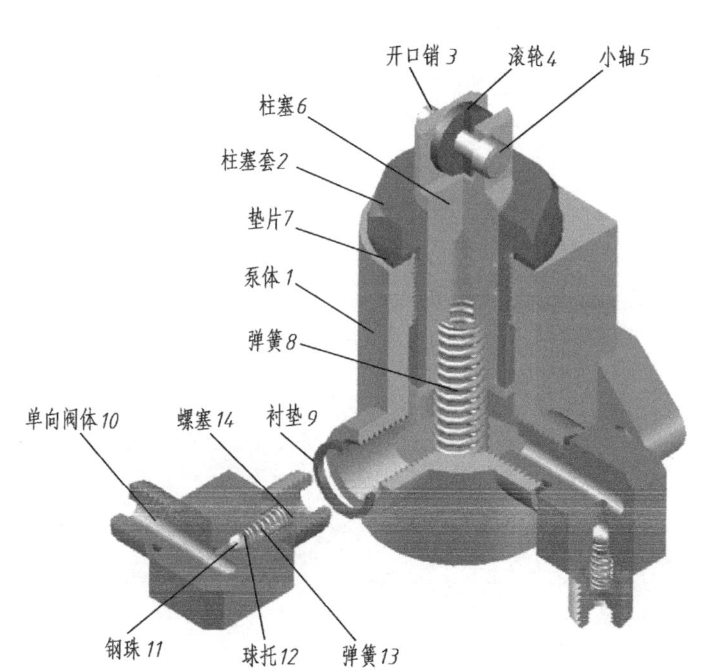

7-2　识读柱塞泵装配图，回答问题并拆画零件图（续）

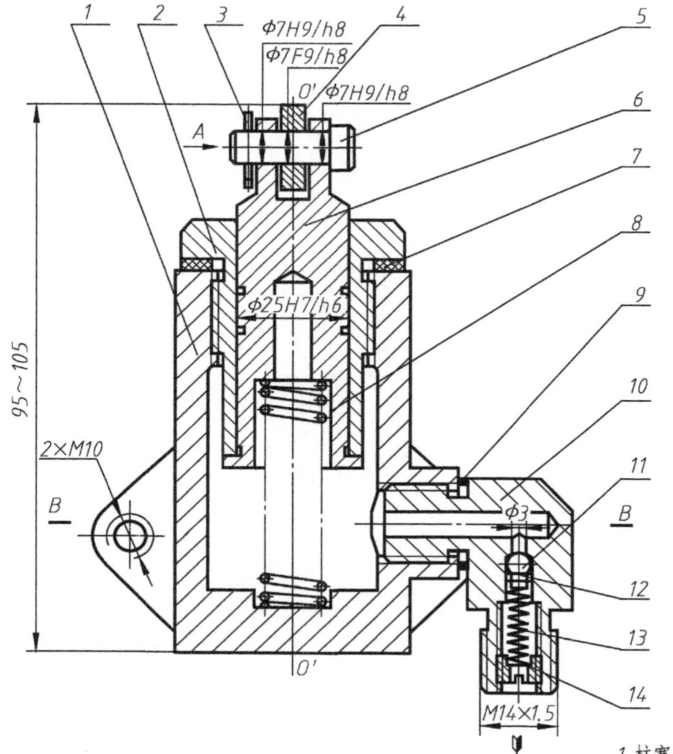

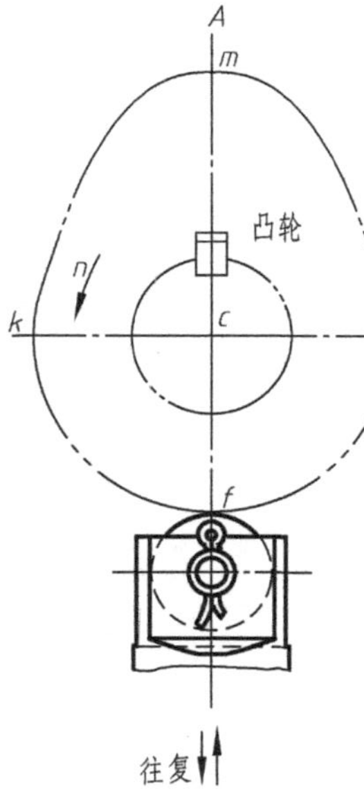

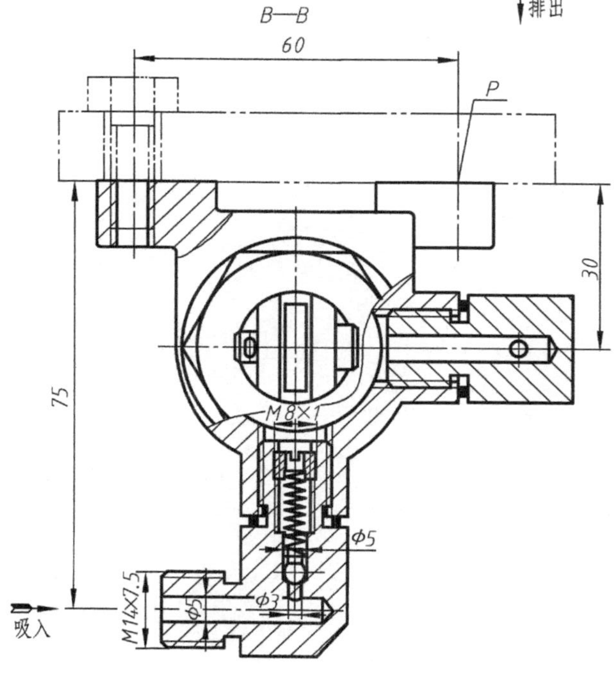

技术要求

1. 柱塞往复运动时，两个单向阀要能一吸一排，如果不能满足要求，则可将弹簧13调换(使弹力较强或较弱)，使钢珠11 能灵活活动。
2. 将件11(钢珠)装入单向阀内前，可先将其他钢珠放入$\phi 5$孔内，用锤子通过圆杆敲击钢珠，使$\phi 5$孔与$\phi 3$孔过渡处有一球痕，以便于钢珠定位，起到关闭或开启作用。
3. 该部件吸油口、排油口与有关管子、喷油嘴连接后，在5个标准大气压下进行试验，要能喷出雾状油液，方能使用。

序号	名称	数量	材料	备注
14	螺塞	2	35	
13	弹簧	2	$\phi 1$弹簧钢丝	
12	球托	2	35	
11	钢珠$\phi 4.76$	2		外购
10	单向阀体	2	35	
9	衬垫	1	Al	
8	弹簧	1	$\phi 2$弹簧钢丝	
7	垫片	1	鸡毛纸	
6	柱塞	1	45	
5	小轴	1	45	
4	滚轮	1	45	
3	开口销2×25	1	35	
2	柱塞套	1	45	
1	泵体	1	HT150	

柱塞泵	共 张	第 张	比例	1:1
	数量	1	图号	13008
制图				
审核		(校名)		

7-3 识读蝶阀装配图，回答问题并拆画零件图

（1）蝶阀装配图由____种零件组成。用了____个视图，主视图采用________________剖视图，主要表达________________和________________；俯视图采用________________剖视图，主要表达________________；左视图采用____________________剖视图，主要表达____。

（2）ϕ20H8/f8 是件________与件________组成的________________制________________配合。ϕ16H8/f8 是件________与件________组成的________________制________________配合。

（3）蝶阀的安装尺寸为________________；总体尺寸为________________。

（4）件 4 阀杆由零件________带动，做________运动，图中所示该装配体为________________状态。

（5）件 11 紧定螺钉的作用是____。

（6）简述蝶阀的工作原理。

（7）拆画件 1 阀体的零件图，根据装配图的实际大小按 1∶1 的比例画图，标注全部尺寸和技术要求。

7-3 识读蝶阀装配图，回答问题并拆画零件图（续）

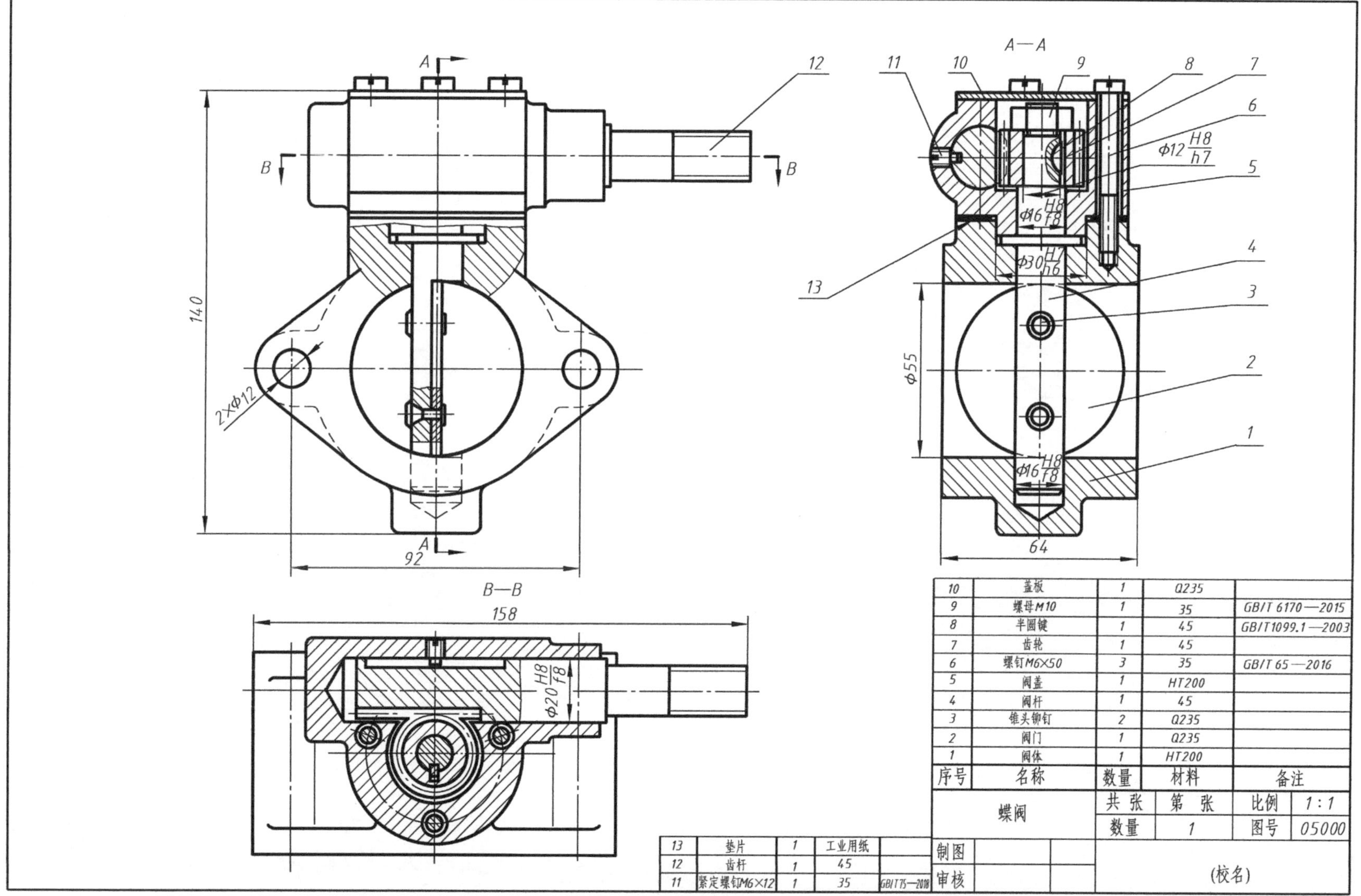

序号	名称	数量	材料	备注
13	垫片	1	工业用纸	
12	齿杆	1	45	
11	紧定螺钉M6×12	1	35	GB/T 75—2018
10	盖板	1	Q235	
9	螺母M10	1	35	GB/T 6170—2015
8	半圆键	1	45	GB/T1099.1—2003
7	齿轮	1	45	
6	螺钉M6×50	3	35	GB/T 65—2016
5	阀盖	1	HT200	
4	阀杆	1	45	
3	锥头铆钉	2	Q235	
2	阀门	1	Q235	
1	阀体	1	HT200	

蝶阀	共 张	第 张	比例	1:1
	数量	1	图号	05000
制图			(校名)	
审核				

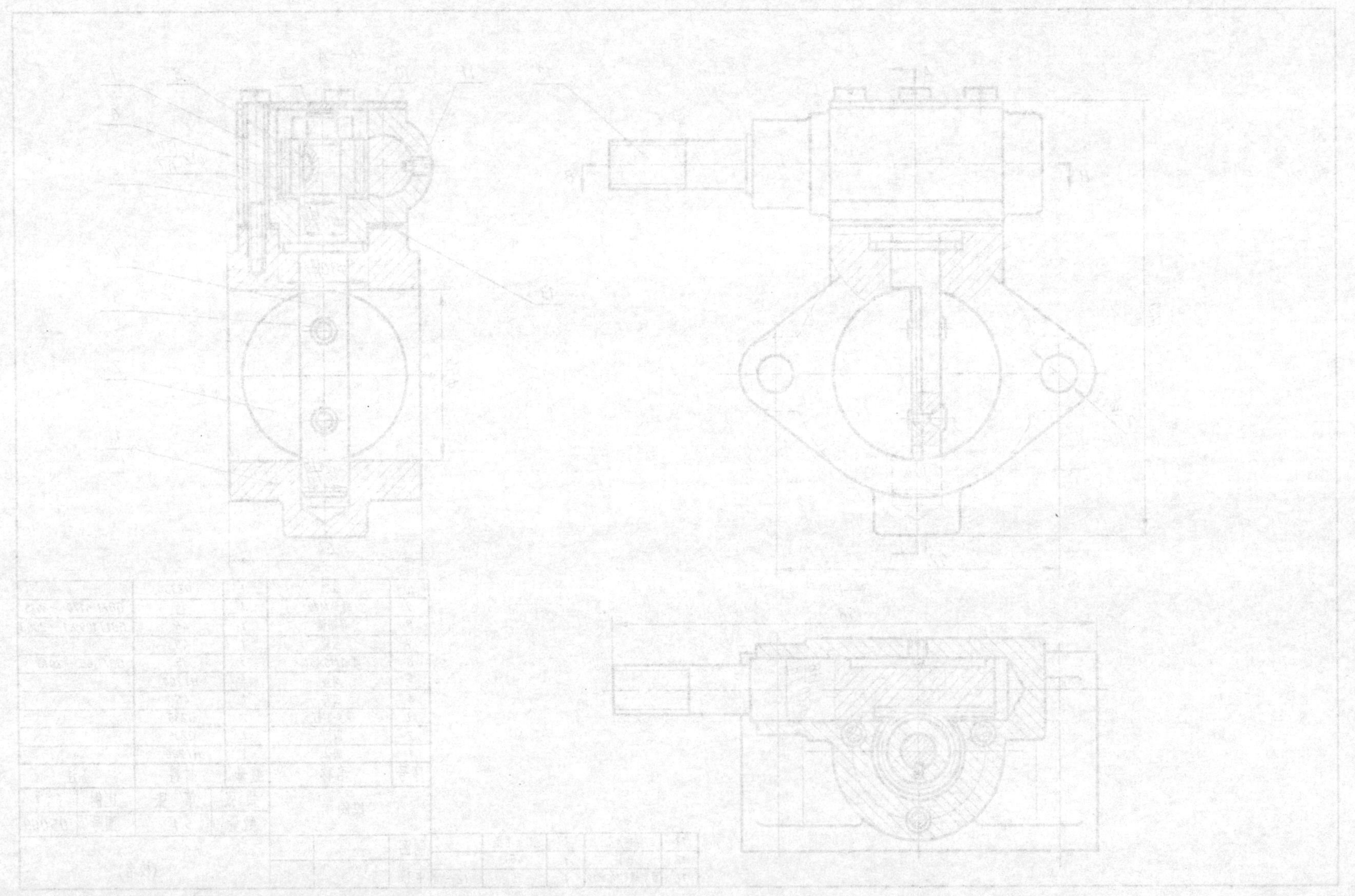

7-4　拼画截止阀装配图

根据装配示意图所示零件间的相互位置关系，将件 1~件 8 分别按其图形外轮廓剪下，拼贴在件 9 中，以形成装配图。

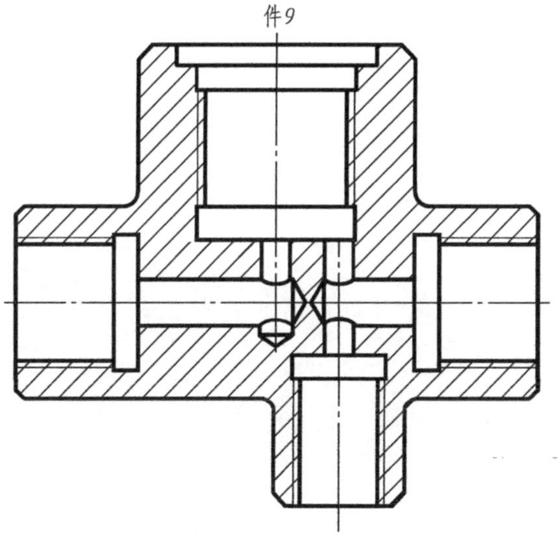

件9

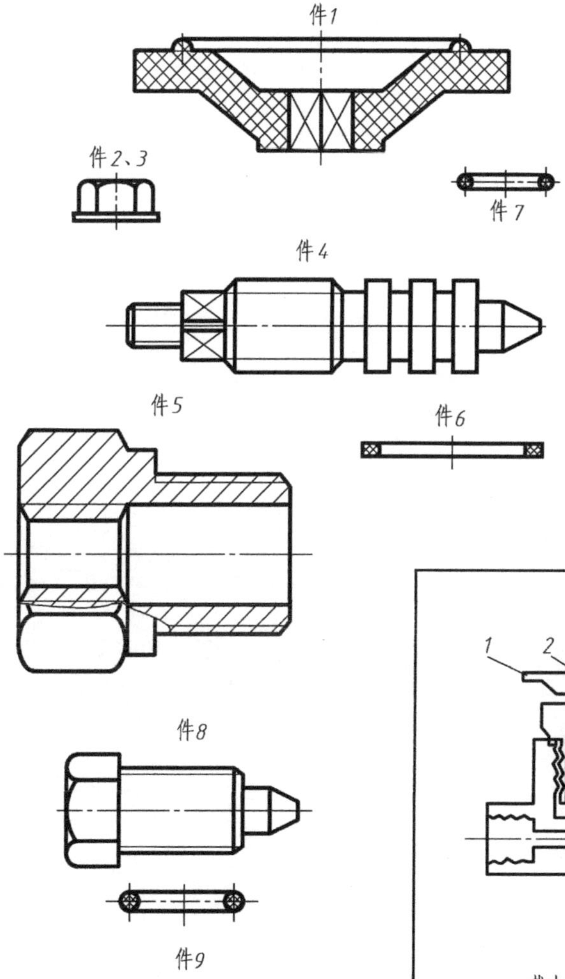

件1

件2、3

件7

件4

件5

件6

件8

件9

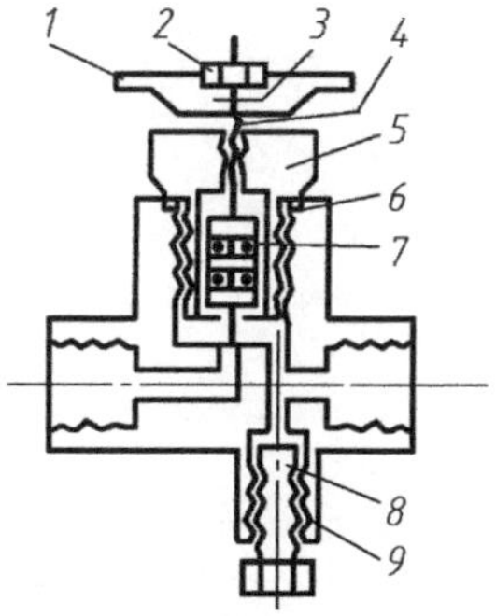

1 2 3 4 5 6 7 8 9

截止阀装配示意图

7-5 绘制千斤顶装配图

根据装配示意图和成套零件图绘制千斤顶装配图。

1. 用 A3 幅面图纸绘制千斤顶装配图。
2. 按装配图尺寸标注要求标注尺寸。

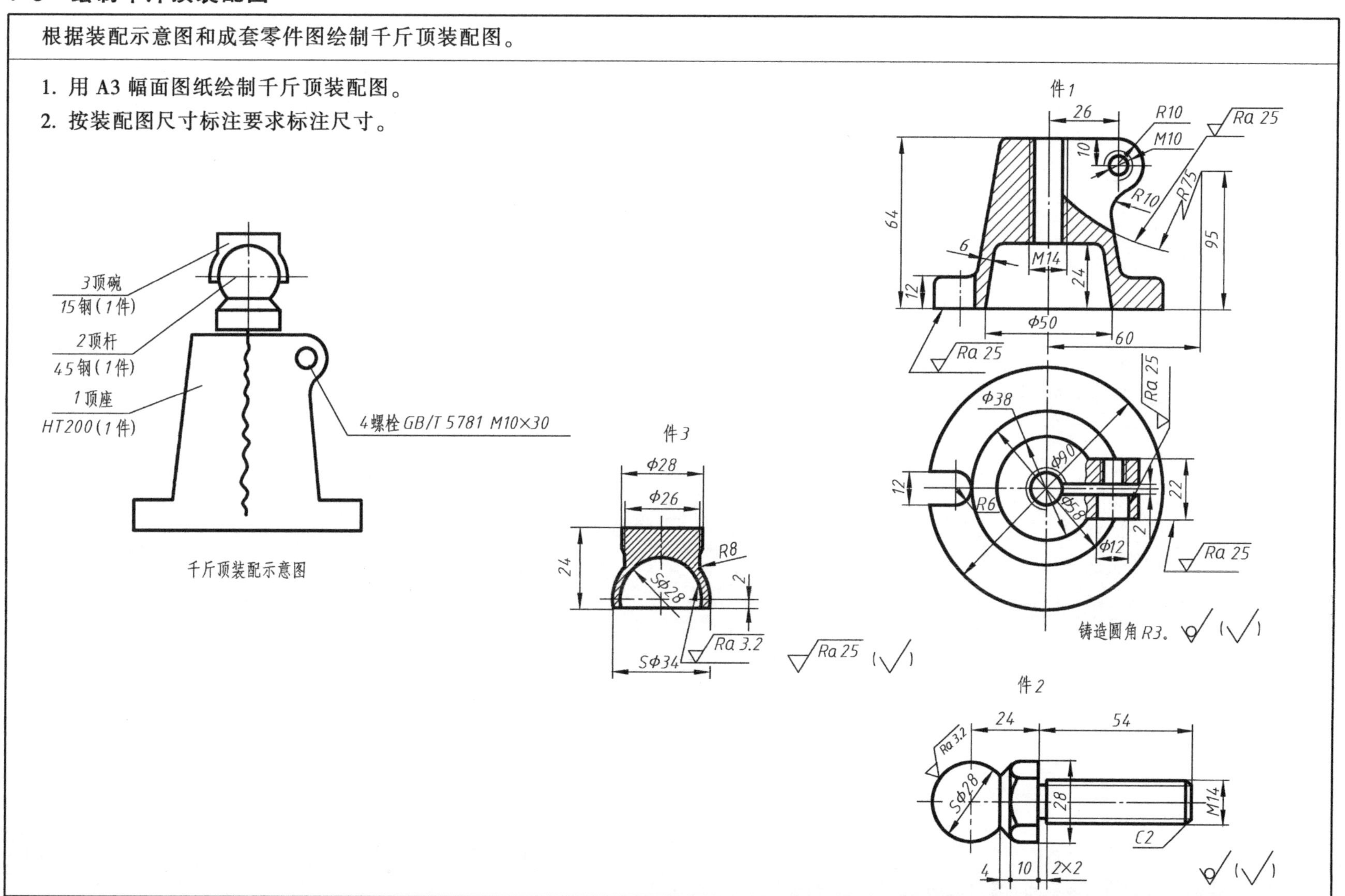

千斤顶装配示意图

参考文献

[1] 刘力. 机械制图习题集［M］. 5版. 北京：高等教育出版社，2019.

[2] 同济大学、上海交通大学等院校《机械制图》编写组. 机械制图习题集［M］. 7版. 北京：高等教育出版社，2016.

[3] 胡建生. 机械制图习题集［M］. 4版. 北京：机械工业出版社，2020.

[4] 刘朝儒，吴志军，高政一，等. 机械制图习题集［M］. 5版. 北京：高等教育出版社，2006.